U0352495

高校专业融合素养提升系列教材

商科生的 Python 编程

主　编　邹倩颖
副主编　刘俸宇　王小芳　颜　琪

中国金融出版社

责任编辑：吕　楠
责任校对：孙　蕊
责任印制：陈晓川

图书在版编目（CIP）数据

商科生的 Python 编程 / 邹倩颖主编 . —北京：中国金融出版社，2020. 8
ISBN 978 – 7 – 5220 – 0698 – 7

Ⅰ . ①商…　　Ⅱ . ①邹…　　Ⅲ . ①软件工程—程序设计　　Ⅳ . ①TP311. 561

中国版本图书馆 CIP 数据核字（2020）第 124012 号

商科生的 Python 编程
SHANGKESHENG DE Python BIANCHENG

出版
发行　中国金融出版社

社址　北京市丰台区益泽路 2 号
市场开发部　（010）66024766，63805472，63439533（传真）
网 上 书 店　http：//www. chinafph. com
　　　　　　（010）66024766，63372837（传真）
读者服务部　（010）66070833，62568380
邮编　100071
经销　新华书店
印刷　北京市松源印刷有限公司
尺寸　185 毫米 ×260 毫米
印张　10. 25
字数　212 千
版次　2020 年 8 月第 1 版
印次　2020 年 8 月第 1 次印刷
定价　62. 00 元
ISBN 978 – 7 – 5220 – 0698 – 7
如出现印装错误本社负责调换　联系电话(010)63263947

本书编委会

编委会主任：陈春发

主　　　编：邹倩颖

副　主　编：刘俸宇　王小芳　颜　琪

编委会成员：毛　敏　彭光辉　余　梅

　　　　　　许宣伟　陈　杉

CONTENTS **目 录**

基础知识——

<table>
<tr><td colspan="2" align="center">**绪论**</td></tr>
<tr><td>**课题内容：**</td><td>商业场景中蕴含的计算思维
编程能力培养对商科生的重要性
编程能力对未来职业规划的重要性</td></tr>
<tr><td>**课题时间：**</td><td>2 课时</td></tr>
<tr><td>**教学目的：**</td><td>通过本章的学习，使学生理解计算思维的含义，了解编程能力的培养对商科生理解数字时代的商业模式规则具有重要的意义，同时了解提高自身编程能力对未来择业具有明显优势</td></tr>
<tr><td>**教学方式：**</td><td>以教师课堂讲述和学生合作探究为主，以课堂活动分享为辅，结合游戏的方式进行教学</td></tr>
<tr><td>**教学要求：**</td><td>1. 使学生理解计算思维的含义
2. 了解数字时代的商业场景中蕴含了哪些计算思维
3. 了解编程能力的培养对商科生的重要性</td></tr>
</table>

第一章　绪　论

有人说见山是山，见水是水；也有人说看山不是山，看水不是水；还有人说看山还是山，看水还是水，本质上是由于个人见解之不同。作为 21 世纪的新新人类，有人在问为什么要有计算思维，计算思维是什么，计算思维如何体现？本章将详细为大家介绍。

一、计算思维是什么

计算思维（Computional Thinking）运用计算机科学的基础概念进行问题求解、系统设计，以及人类行为理解等涵盖计算机科学之广度的一系列思维活动（周以真定义），是人类应具备的第三种思维（三种思维：计算思维、实验思维、理论思维）。其本质抽象（Abstraction）与自动化（Automation）即在不同层面进行抽象，以及将这些抽象自动化。实质上，计算思维就是将知识进行贯通的思维能力，其关注的是人类思维中有关可行性、可构造性和可评价性的部分。

计算思维最核心的元素是分解、模式识别、抽象和算法四部分。具备这四个能力，人们就能为问题找到解决的方案，以程序的表现形式，则可以在计算机上执行，以流程或者规章制度的表现形式，则可以由人遵照执行。

二、为什么要学习计算思维

每个家庭，每天都要去买菜，比如要去 4 家店买各种菜，有的人会想，如何买菜最省力；而有的人会想，如何买菜最省时间；也会有人想，如何买菜少走路；还有人会想，如何买菜又省时间，又省路程，又省体力，这都是大家买菜过程中大脑的想法，但这个想法实质上就是大家在面临问题时，在大脑中所抽象出来的思维。实质上讲就是我们的计算思维，哪怕家常小事，都有思维，面对过程、学习中的问题，也会存在，如何将问题得到最优解，这就是我们在面临问题所需思考的，这种思考需要进行系统的训练，才会得到最好的解答，因此，如何得到最好的解答，就需要我们去思考，就需要用到计算思维，也就需要我们去学习计算思维。

三、计算思维的体现

计算思维最终以编程进行体现，也就是将抽象出来的问题求解后，用程序在计算机中进行运行，而程序实现，就需要编程。

四、编程能力的重要性

从科技发展层面来看，科技这一改变时代步伐与人类社会文明的推手，是促使人类文明的领导者。达尔文在《物种起源》中曾说过，物竞天择，优胜劣汰，而这本质上是科技进步的衡量。从科技发展来看，计算机的发展促使云计算、大数据、互联网的蓬勃发展，人类文明在科技的促使下，早已走进 DT 时代，或者说人工智能时代。要想在人工智能时代中快乐生活，就要做驾驭人工智能的人，要成为驾驭人工智能的人，就必须要有计算思维能力，而计算思维的体现就是应用编程，将计算思维中建立的模型进行实现。

从全球层面来讲，2013 年，奥巴马政府宣布投资 2 亿美元，将大数据提升为国家战略。此后，奥巴马发起"编程一小时"运动，呼吁美国进程编程学习。2014 年，英国就提出了"编程者国度"计划，把编程纳入幼儿园及中小学课程，要求英国 5 岁以上的孩子必须学习编程，到 11 岁时，必须掌握电脑的两种程序语言。2017 年在北京举办的"GES 2017 未来教育大会"中，奥巴马提到在 21 世纪经济环境下，人工智能、无人驾驶等新技能、新技术将给传统产业带来无法预知的改变。新一代的年轻人不可能再像从前那样，一辈子做好一个工作就能享受福利保障。

从国家层面讲，2015 年，在第十二届全国人民代表大会第三次会议上李克强总理提出制订"互联网＋"行动计划。6 月 24 日，国务院常务会议通过了《国务院关于积极推进"互联网＋"行动的指导意见》，文件明确了推进"互联网＋"，促进创业创新、协同制造、现代农业、智慧能源、普惠金融、公共服务、高效物流、电子商务、便捷交通、绿色生态、人工智能等若干能形成新产业模式的重点领域发展目标任务，并确定了相关支持措施。李克强总理 2017 年 3 月 5 日在政府工作报告中提出深入推进"互联网＋"行动和国家大数据战略，全面实施《中国制造 2025》，落实和完善"双创"政策措施。

2018 年 4 月，教育部印发《教育信息化 2.0 行动计划》，文件中提到要办好网络教育，积极推进"互联网＋教育"发展，加快教育现代化和教育强国建设。2019 年 3 月 5 日，李克强总理在政府工作报告中提出全面推进"互联网＋"，运用新技术新模式改造传统产业。

从教育层面讲，2014 年 9 月，浙江省高考改革，将编程课加入高考，在中小学阶段逐步推广编程教育。2016 年，《教育信息化"十三五"规划》将信息化教育能力纳入学校办学水平考核。2017 年 2 月，《义务教育小学科学课程标准》将小学科学提前到小学一年级。2017 年 7 月，国务院印发《新一代人工智能发展规划》，宣传在中小学设置人工智能相关课程，逐步推广编程教育。2017 年 12 月，山东省最新出版小学信息技术六年级，并加入 Python 内容。2018 年 4 月，教育部印发《高等学校人工智能穿心行动计划》，提出构建人工智能多层次教育体系，在中小学阶段，引入人工智能普及教育。2018 年 9 月，重庆市教委下发《关于强调中小学编程教育的通知》，规定中小学开足开齐编程课程，从小学三年级开始学，累计不少于 36 课时。2019 年 4 月，教育部发布《2019 年教育信息化和网络安全工作要点》。部分高校从 2020 年起，对计算机部分专业全面实施自主招生。据悉，从 2022 年起，全国一线城市初高中将加入编程必修课。

简而言之，为什么从国际、社会、教育都在大力发展编程能力，除了社会发展、岗位需求外，编程能够很好地改变我们的抽象思维和逻辑思维，这是人类思维最本质的特征。此外，还能提升在实际工作与学习中解决问题的能力。因此，谁掌握编程，谁就能在未来职业和竞争中掌握主动权。

第一节 商业场景中蕴含的计算思维

有人说，人与生物的最大区别就是人是有思维的。而龙生九子，九子各不同，则是由于其思维不同。如人们登上山顶，有的人会说："会当凌绝顶，一览众山小"；而有的人却说："不畏浮云遮望眼，只缘身在此山中"。对待一个事物，如何看待，其实就是各自抽象的思维。正所谓在商业场景中也蕴含有很多计算思维，只是平常大家并未注意。

比如，现有一仓库货物，要从北京运往成都，保证运输途中兼顾时间和经济价值最优，往常看，大家可能拿着本子和笔在纸上画画写写，大半天也没有个最终的结论，但从计算思维来看，其实这就是算法中所说的图的最优解。

比如，现有 50 个人生活在一条 50 公里长的河流沿岸，每个人居住并占有沿岸 1 公里长的土地，因此，他们完全瓜分 50 公里长的河岸，假设人们之间相互认识，但关系有好有坏，其中每个人与住在 20 公里内的人都是朋友，与居住在 20 公里外的人都是敌人，那么这 50 个人则形成网络结构平衡，如何去分辨哪些人是朋友，哪些人是敌人？这本质上也是一个图或者说树的算法思维问题。

又比如，在股市、金价、期货、汇率中，根据其价格近期走势的最低点和最高点计算未来股票、黄金、期货、汇率等的走势情况，这是一个黄金分割方法问题，在计算思维的算法中，就是一个斐波那契数列，也就是一个递归问题。

再比如，小张现在要买房，房子全款 70 万元，若在银行贷款，首付 3 成，银行基准利率 4.9%，并根据有无贷款情况按照市场实际情况上浮 20%～40%，若无贷款上浮 20%、有贷款上浮 40%，贷款分为等额本金和等额本息。现小张没有贷款，小张按等额本金进行贷款买房，需还款多少钱，每个月还多少？这一看似是个数学问题，实质上也是一个算法思维问题。

不管是商业还是生活中，计算思维无处不在。

第二节 编程能力培养对商科生的重要性

计算学科知识膨胀速度非常快，知识学习的速度跟不上知识膨胀的速度，因此要先从知识的学习转向思维的学习，在思维的指引下再去学习知识。作为商科学生，编程能力的培养，在信息化高速发展的今天已是当务之急。摩根大通首席执行官 Mary Callahan-erdo 就曾说过："不仅技术人员要会编程，所有希望在 21 世纪运营一家有竞争力的公司的人都要掌握这项技能。" 16 岁的高盛实习生 Adam Korn 直言："现在想从事交易或分析的基金经理不懂编程很难存活下去"。高盛集团正试图变成"华尔街的谷歌"，这家历史悠久的金融巨头早前就声称自己是一家科技公司。CBInsights 提供的数据表明，高盛近期的职位招聘中有 46% 都是关于科技领域的。

各大商业公司将编程能力作为企业需求的必需条件。根据金融猎头公司 Options Group 的预测，2018 年，金融企业对数据科学家和机器学习专家等科技人才的需求将继续高涨。与之相反，他们对股票交易员等传统金融岗位的招聘兴趣将颇为寡淡。其中，摩根大通公司要求资产管理部门的所有员工参加强制性编程课程学习，强制学习 Python。目前该集团的分析师和员工中，有三分之一已经接受过 Python 编程培训，而数据科学和机器学习课程也在制定之中（资料来源：英国《金融报道》）。澳洲四大行对于 JD 的明确要求就是要懂 Python 编程。花旗北美市场和证券服务部门负责人 Lee Waite 表示：2018 年 7 月开始，花旗集团会向银行业分析师和交易员提供 Python 编码课程，作为其继续教育计划的一部分。同时，Bloomberg 称花旗最想在候选人简历上看到的点，就是懂 Python 编程！而一直以高素质实习生项目闻名的高盛集团发布的一份调查报告称针对全球 2500 名在高盛的夏季实习生调查，当问到你认为"哪个语言在未来会更重要"时，在被调查的全球 2500 名"80 后"、"90 后"优秀年轻人中，72% 选了 Python。

2019 年交通银行招聘信息中，对金融科技人才要求需要有编程能力，对金融知识只需了解即可；兴业银行对管理培训、市场营销类招聘条件提到信息技术类等专业优先。中国工商银行上海分行招聘要求中，对计算机和信息学专业有一定需求。2020 年洛阳银行金融科技人才招聘，直接只要计算机相关专业学生。2020 年中国邮政储蓄银行北京分行社会招聘专业要求中提到以信息技术、自动化、经济金融、数理统计为重点需求。

高盛公司股票交易员从以前 600 人到现在仅剩 3 人，而大部分的人员都被编程取代，计算机工程师大增至 9000 人。NAB 宣布 2020 年前裁员 6000 人，岗位由人工智能取代，占据全行员工的 18%。澳洲国民银行宣布重金招聘 2000 个与数据、技术相关的岗位。平安资管在 2018 年 9 月股市大跌期间传出裁员 90% 的新闻，实际上是对策略和科技平台升级，进行量化转型和行业升级。

此外，随着互联网技术、大数据、云计算等新兴技术的出现，金融业也面临着改革，由传统金融转变为科技金融，一些传统的职位在消亡，而一些新兴的职位（例如区块链、金融数据分析、金融量化研究等岗位）则面临着很大的需求。这些岗位需要 IT 技术、大数据分析等科技手段支撑，让金融资本能更高效地服务于企业，而这部分人才则是未来科技金融行业的巨大缺口。从前程无忧等招聘网站上显示的招聘需求看，金融科技类岗位对于数据、编程能力有较高的要求，而从招聘业务内容上看，金融科技类岗位以平台搭建、算法及策略开发为主要职责。

商科生对编程能力的需求乃大势所趋！权威网站 Stack Overflow 发布 2019 年开发者调查报告显示，在过去五年中，越来越多的商科生开始学习编程。2015—2016 年，商科背景的占比不及 1%，连上榜资格都没有，但到了 2017 年，情况发生了转变，有 2.1% 的受访者是商科专业。而 2018 年，商科背景的编程需求占比直接上涨至 2.4%，并在 2019 年保持稳定，仅次于 Mathematics 和 Statistic。

第三节　编程能力对未来职业规划的重要性

在 DT 时代，传统行业也好，新兴行业也好，都在转向以互联网建设为基础的新型融合型行业，风口不再是房地产经济，也不再是农业经济，而是互联网经济，或者说是数字经济。谁能先一步站在这个风口上，谁就能先占优势位置。编程是互联网、人工智能等各种高新技术的基础和核心。现在编程教育已经逐渐在普及，在人工智能时代里学会编程是人人必不可缺、能够依靠的技能。

芬兰前教育部长林纳说过，在将来如果你的孩子懂得编程，那他就是未来世界的创造者，如果他不懂，他只是使用者。虽然在未来不可能每个人都变成程序员，但是将来的人工智能时代，最起码每个人都应该有"改变世界"的可能。而改变世界的可能，就是掌握编程能力。

2017 年，浙江省发布高考改革方案，其中提到硬性规定，将信息技术学科列为高中生的必学科目，高考的选三模式中，信息技术即为其中一门。

在未来，将有 65% 以上的小学生会在现在还不清楚的行业就业。而对于目前来说，增长最快、平均薪酬工资最高的职业之一，就有一个是计算机编程。预计在 2020 年，美国将在计算机行业上新增超过 10 万个就业岗位。

如果一个小孩从小就开始学习编程，那么他就可以从一个可能沉迷游戏的游戏使用者变成一个喜欢上开发游戏的研发者。此外，编程包含的内容有很多，它需要数据理解，也需要有强大的逻辑思维能力。编程就像理科科目，虽然学习的知识与物理化学没有明确的关系，但是学会编程改变的不仅仅是知识结构，还有我们平时的思维方式。编程学得越好，思维方式就会越广越新颖，逻辑思维也将越强大，这对于我们平时思考别的学科也是有很大的帮助。

编程将成为未来的国际化语言。要想掌握主动，首先要懂得这个时代的风口在哪里，才能找出下一个可能的风口。在未来，有很大可能不懂编程的人将难以生存。人工智能的时代已经不是我们仅靠单纯的劳动力，就可以在社会上生存下去的时代。

现在许多人工智能的机器人都开始替代人类上岗上线，如银行柜台、工厂流水线、财务审计等，人工智能已经逐渐地在向我们抢工作抢资源。正如当前暴发的新型冠状病毒肺炎事件，许多人会因为各种各样的因素成为肺炎的感染者，但是机器人不会，如京东、顺丰、阿里巴巴等，利用机器人代替人类，为一线工作者提供物质基础和生活保障，如为疫区医患人员提供送货服务（京东无人车、顺丰无人机），为疫区人员维持餐饮（碧桂园餐厨机器人）正常，为机场港口等提供实时人员检测（移动红外体温检测）等。立足当前，着眼未来，我们可以看到，如果不懂计算机，不懂代码，不懂编程，我们也会面临如达尔文《物种的起源》中提到的一样，最终被这个社会所淘汰。

因此，将编程能力纳入未来的职位规划，既是保障自己避免未来的中年危机，也是拓宽自己所学知识的基础能力，编程能力对于每个学者、学生和人才，必不可少。

基础知识——

会计学中 Python 编程基础知识

课题内容：会计学中的变量表达与实现

会计学中的运算符表达与应用

会计学中常用函数库简介

课题时间：6 课时

教学目的：通过本章的学习，使学生掌握 Python 的变量命名规则、变量的数据类型、变量的赋值方法，能熟练运用 Python 中的各种运算符和表达式，并掌握在 Python 中实现输入和输出的方法

教学方式：以学生自主探究、合作探究及课堂活动分享为主，以教师讲述为辅，结合游戏的方式进行教学

教学要求：1. 使学生掌握 Python 变量的命名规则

2. 使学生熟悉 Python 变量的数据类型

3. 使学生掌握在 Python 中实现输入和输出的方法

第二章 会计学中 Python 编程基础知识

第一节 会计学中的变量表达与实现

知识目标

1. Python 编码规范
2. 变量的命名规则
3. 变量的命名方式
4. 变量的数据类型
5. 变量的赋值方式
6. 输入与输出

案例讲解

1. 实现会计软件系统的密码提示输入及密码输出功能
2. 实现会计软件系统的密码修改功能
3. 精简会计软件系统代码
4. 实现企业会计人员应聘信息输出功能

计算机英语

Input 输入

Print 打印/输出

Password 密码

Gender 性别

Educational background 学历

Work experience 工作经验

Format 格式化

讲一讲

1. Python 编码规范：

（1）注释：以"#"开始进行单行注释；以三对引号（单引号或双引号）开始，同样以三对引号（单引号或双引号）结束进行多行注释。

（2）缩进：Python 依靠代码块的缩进来体现代码之间的逻辑关系；一般使用 4 个空格进行悬挂式缩进（4 个空格等于一个 Tab），且同一级别的代码块缩进量必须相同。

（3）语句换行：Python 建议每行代码的长度不超过 80 个字符，对于超过 80 个字符的代码，一般采用换行方式进行续航。对于 Python 而言，提供两种换行方式，第一种是采用续航符"\"，用在行尾，表示上下两行内容属于同一条 Python 语句。第二种是采用圆括号"（ ）"进行隐式连接，圆括号包含的内容代表一条 Python 语句。

此外，Python 提供两种方式，标志一条代码结束，第一种是回车符，第二种是分号";"，分号可实现多行代码精简成一行。Python 变量名只能包括字母、数字和下划线，且第一个字符必须是字母或下划线，不能是数字；变量名对英文字母敏感，区分大小写；变量名不能是 Python 关键字。

2. 开发过程中变量的命名通常有三种方式：

（1）小驼峰式命名：第一个单词首字母小写，之后的单词首字母大写，如 myPassword，myFriendName 等。

（2）大驼峰式命名：每个单词首字母大写，如 MyPassword，MyFriendName 等。

（3）下划线连接命名：用下划线"_"将每个单词进行连接，如 my_password，my_friend_name 等。

3. 变量的数据类型：

Python 变量的数据类型包括数字类型、布尔类型、字符串类型等，其中数字类型包括 int（整型）、float（浮点型）、complex（复数）；布尔类型包括"True（真）"和"False（假）"两种值；字符串类型是以单引号或双引号括起来的任意文本。

4. 变量赋值：

向变量赋值时，Python 会自动声明变量类型；赋值运算符"="用于为变量赋值，且 Python 支持同时为多个变量赋值。

5. 输入与输出：

Python 的输入和输出即从标准输入中获取数据和将数据打印到标准输入；Python 使用 print（ ）函数进行输出，输出字符串时使用单引号或双引号括起来，输出变量时不加引号，变量与字符串同时输出或多个变量同时输出时，需用"，"隔开各项。

创设情境

会计学是研究财务活动和成本资料的收集、分类、综合、分析和解释的基础上形成协助决策的信息系统，以有效地管理经济的一门应用学科，其研究对象是资金的运动。在数字经济时代，企业使用电算化会计软件对其进行管理。电算化会计软件是一种专门用于会计核算、财务管理的计算机软件系统，其功能模块包括一组指挥计算机进行会计核算与管理工作的程序、存储数据以及有关资料。该类软件通常具有以下三大主要功能：①为会计核算、财务管理直接提供数据输入；②生成凭证、账簿、报表等会计资料；③对会计资料进行转换、输出、分析、利用。

学习任务

请在课前理解和学习二维码中提供的资料。

码到成功

一、会计软件系统密码提示输入及密码输出功能

为保证系统的安全性，会计软件系统在使用时会根据用户使用权限设置相应的密码，请实现会计软件系统的密码提示输入及密码输出功能。

参考代码如下：

```
password = input("请输入密码:")  #输入数据赋给变量 password
print('您刚刚输入的密码是:',password)  #输出数据
```

运行结果如图2-1所示。

请输入密码：123456
您刚刚输入的密码是：123456

图2-1　会计软件系统密码提示输入及密码输出功能案例运行结果

二、修改会计软件系统密码功能

客户在登录会计软件时常常会出现忘记登录密码的情况，现在需修改相关业务代码，使之前保存的密码更改。

参考代码如下：

```
password = "123456"                                    #字符串数据类型定义
print('原密码:',password)                               #输出数据
newPassword = input('请输入新的密码:')                   #输入数据
password = newPassword
print('新设置的密码为:',password)
```

运行结果如图 2 -2 所示。

原密码：123456

请输入新的密码：meiyoumima

新设置的密码为：meiyoumima

图 2 -2 修改会计软件系统密码功能案例运行结果

三、精简会计软件系统代码

在系统开发过程中，高效的执行代码可以提高系统的资源利用率和代码可读性，可将案例二中的代码进行精简，将多行代码显示到同一行中。

参考代码如下：

```
#语句换行,可用将多行命令放到一行
password = "123456";print('原密码:',password);newPassword = input
('请输入新的密码:');password = newPassword;print('新设置的密码为:',pass-
word);
```

运行结果如图 2 -3 所示。

原密码：123456

请输入新的密码：meiyoumima

新设置的密码为：meiyoumima

图 2 -3 精简会计软件系统代码案例运行结果

四、企业会计应聘人员信息打印功能

企业因业务拓展需要向社会公开招聘会计从业人员，要求年龄 35 岁以下，身高 1.65米以上，至少本科学历，男女不限，最好有一定相关工作经验。现收到三人应聘简历，信息如表 2 -1 所示。

表 2 -1 会计应聘人员信息表

姓名	年龄	身高（米）	性别	学历	工作经验
Frank	30	1.69	男	本科	无
Jack	26	1.75	男	专科	无
Alice	28	1.70	女	本科	有

请在会计软件中打印企业会计应聘人员信息这一功能。

参考代码如下：

```
#第一个应聘者信息/下划线连接命名/单变量赋值
Name_1 ='Frank'       #字符串变量定义
Age_1 =30             #整型变量定义
Height_1 =1.72        #浮点型变量定义
Gender_1 ='男'
Educational_background_1 ='本科'
Work_experience_1 =False#布尔型变量定义
#第二个应聘者信息/小驼峰式命名/单变量赋值
name2 ='Frank'
age2 =30
height2 =1.72
gender2 ='男'
educationalBackground2 ='本科'
workExperience2 =False
#第三个应聘者信息/大驼峰式命名/多变量赋值
Name3,Age3,Height3,Gender3,EducationalBackground3,\
WorkExperience3 ='Alice',28,1.70,'女','本科',True
#字符串 format()格式化/多行语句换行
print('第一个人叫{},{}岁,身高{},性别{},{}学历,{}工作经历'\
    .format(Name_1,Age_1,Height_1,Gender_1,\
    Educational_background_1,'有'if Work_experience_1 else'无'))
print('第一个人叫{},{}岁,身高{},性别{},{}学历,{}工作经历'\
    .format(Name2,Age2,Height2,Gender2,EducationalBackground2,\
        '有'if workExperience2 else'无'))
print('第一个人叫{},{}岁,身高{},性别{},{}学历,{}工作经历'\
    .format(Name3,Age3,Height3,Gender3,EducationalBackground3,\
        '有'if WorkExperience3 else'无'))
```

运行结果如图 2 - 4 所示。

有一个人叫 Frank，30 岁，身高 1.72 米，性别是男，本科学历，无工作经验

有一个人叫 Jack，26 岁，身高 1.75 米，性别是男，本科学历，无工作经验

有一个人叫 Alice，28 岁，身高 1.7 米，性别是女，本科学历，有工作经验

图 2-4 企业会计应聘人员信息打印功能案例运行结果

拓展练习

会计软件系统需实现以下功能：

（1）打印表中基本信息，如表2-2所示。

（2）将学历为本科以上，且年龄在26~32岁的人员信息筛选后再打印输出。

表2-2 人员信息表

姓名	年龄	身高（米）	性别	学历	工作经验
Jean	25	1.75	男	专科	无
Robert	29	1.70	男	本科	无
Wendy	33	1.68	女	本科	有
Dora	30	1.72	女	本科	无
Janet	28	1.65	女	本科	有

第二节 会计学中的运算符表达与应用

知识目标

1. 算术运算符
2. 赋值运算符
3. 关系运算符
4. 逻辑运算符
5. 运算符优先级

案例讲解

1. 实现企业在生产过程中对某材料的使用情况的计算
2. 实现企业产品销售计算
3. 实现企业简单税收计算
4. 实现企业往年税收情况查询

计算机英语

Material 材料

Purchase 购买

Surplus 盈余/结余

Total 合计

Equal 相等

Division 平分

Final 最终

Tax 税

Payable 应付

Value – added tax 增值税

Income tax 所得税

Revenue 税收收入

Current 当前

Volume 数量

讲一讲

1. 运算符用于连接表达式中各种类型的数字、变量等操作数，其作用是指明对操作数所执行的运算类型。

2. Python 的算术运算符是用来进行算术运算，Python 提供 7 种基本算术运算符，如表 2 – 3 所示。

表 2 – 3　算术运算符

运算符	名称	说明
+	加法	将运算符两边的操作数相加
–	减法	将运算符左边的操作数减去右边的操作数
*	乘法	将运算符两边的操作数相乘
/	除法	将运算符左边的操作数除以右边的操作数
%	模	返回除法运算的余数
**	幂	表达式 x ** y，返回 x 的 y 次幂
//	整除	返回商的整数部分。如果其中一个操作数为负，则结果为负

3. Python 的赋值运算符用来给变量赋值，Python 提供简单赋值与复合赋值两大类，简单赋值使用等号 "＝" 进行实现，复合算术赋值运算符是将算数运算符和简单赋值运算符进行结合，如表 2 – 4 所示。

表 2 – 4　赋值运算符

运算符	示例	说明
+ =	a + = b	a = a + b
– =	a – = b	a = a – b

续表

运算符	示例	说明
* =	a * = b	a = a * b
/ =	a/ = b	a = a/b
% =	a% = b	a = a%b
** =	a ** = b	a = a ** b
// =	a// = b	a = a//b

4. Python 的关系运算符又称比较运算符, 比较的结果是一个布尔值, 如表 2 – 5 所示。

表 2 – 5　关系运算符

运算符	名称	说明
= =	等于	判断运算符两侧操作数的值是否相等, 如果相等则结果为真, 否则为假
! =	不等于	判断运算符两侧操作数的值是否不相等, 如果不相等则结果为真, 否则为假
>	大于	判断左侧操作数的值是否大于右侧操作数的值, 如果是则结果为真, 否则为假
<	小于	判断左侧操作数的值是否小于右侧操作数的值, 如果是则结果为真, 否则为假
> =	大于等于	判断左侧操作数的值是否大于等于右侧操作数的值, 如果是则结果为真, 否则为假
< =	小于等于	判断左侧操作数的值是否小于等于右侧操作数的值, 如果是则结果为真, 否则为假

5. Python 的逻辑运算符包括与、或、非 3 种, 如表 2 – 6 所示。

表 2 – 6　逻辑运算符

运算符	含义/举例	说明
and	与/x and y	如果 x 为 False, 无须计算 y 的值, 返回值为 x; 否则返回 y 的值
or	或/x or y	如果 x 为 True, 无须计算 y 的值, 返回值为 x; 否则返回 y 的值
not	非/not x	如果 x 为 True, 返回值为 False; 如果 x 为 False, 返回值为 True

6. Python 中运算符存在优先级, 其优先级如表 2 – 7 所示。

表 2 – 7　运算符优先级

优先级顺序	运算符	说明
1	**	幂运算
2	~ + -	取反、正号运算和负号运算
3	* / % //	乘、除、模、整除
4	+ -	加法、减法
5	> > < <	右移位、左移位
6	&	按位与
7	^ |	按位异或、按位或
8	<= < > >=	比较运算符
9	== !=	等于、不等于

续表

优先级顺序	运算符	说明
10	= % = / = // = - = + = * = ** =	赋值运算符
11	Is is not	身份运算符
12	In not in	成员运算符
13	Not or and	逻辑运算符

创设情境

在会计软件系统中，有功能是专门针对企业在生产过程中对材料的管理、产品销售管理以及税收管理，这些功能对企业的正常运营起到了非常重要的作用。其中关于税收，企业主要缴纳的税费包括以下几种：

1. 增值税：应纳税额 = 当期销项税额 - 当期进项税额；

2. 应纳城建税 =（增值税 + 消费税）× 适用税率；

3. 应纳教育费附加 =（实际缴纳的增值税 + 消费税）×3%；

4. 堤围防护费：营业收入 ×0.1%（各地征收标准不同，有些地方不征收）（月报）；

5. 应纳地方教育费附加 =（增值税 + 消费税）×2%（各地征收标准不同，有些地方不征收）（月报）；

6. 所得税 = 利润总额 × 税率为 25%（季报）；

7. 个人所得税（月报）；实行代扣代缴；应交个人所得税额 = 应纳税所得额 × 适用税率 - 速算扣除数。

而企业应纳税所得额有两种计算方法，一是直接计算法，二是间接计算法。

1. 直接计算法：应纳税所得额 = 收入总额 - 不征税收入 - 免税收入 - 各项扣除金额 - 弥补亏损；

2. 间接计算法：应纳税所得额 = 会计利润总额 ± 纳税调整项目金额。

学习任务

请在课前理解和学习二维码中提供的资料。

码到成功

一、企业在生产过程中对某材料的使用情况的计算

企业在生产过程中需使用某材料，该材料期初结存有 125 千克，金额为 2500 元；本月 3 日又购入 50 千克，单价 27 元；11 日再次购入 126 千克，单价 22 元；本月 15 日领用总库存材料的 40%，平均分发给 10 条生产线，生产不同的物品，生产线只分配 10 的倍数千克的材料，剩余材料保留库存。请用 Python 实现以下业务需求：

企业拥有该材料总价值多少元？

1. 每条生产线能够分到多少材料？

2. 还剩多少材料没有分配？

参考代码如下：

```
#变量定义/多变量赋值
Surplus_materials_price,Surplus_materials =2500,125
Materials_purchased_day3,Purchase_price_day3 =50,27
Materials_purchased_day11,Purchase_price_day11 =126,22
#企业拥有该材料的总价值/算术运算符
Total_price =Surplus_materials_price + \
        Materials_purchased_day3 * Purchase_price_day3 + \
        Materials_purchased_day11 * Purchase_price_day11
#每条生产线分到材料数/算术运算符
Total_materials = \
Surplus_materials +Materials_purchased_day3 + \
Materials_purchased_day11
Equal_division =(Total_materials //10) -(Total_materials //10% 10)
#剩余没有分配的材料数/算术运算符
Final_surplus_materials =Total_materials -(Equal_division *10)
#输入对应结果/字符串 format()格式化
print('产品总价值{}元'.format(Total_price))
print('平均每条生产线分配{}千克材料'.format(Equal_division))
print('剩余材料{}千克'.format(Final_surplus_materials))
```

运行结果如图 2 – 5 所示。

产品总价值 6622 元

平均每条生产线分配 30 千克材料

剩余材料 1 千克

图 2 – 5　企业在生产过程中对某材料的使用情况的计算案例运行结果

二、企业产品销售计算

现将产品运送至全国各零售点进行销售。该产品上一季度销售额为 25 万元,销售数量 1 万件,本季度销售额为 36 万元,销售数量 2 万件。请根据上季度销售情况和本季度销售情况计算最近半年该产品的销售情况,同时计算近半年产品的均价。

参考代码如下:

```
#上一季度和本季度产品销售情况/多变量赋值
Last_revenue,Last_sales_volume =250000,10000
Current_revenue,Current_sales_volume =360000,20000
#计算近半年产品销售情况/赋值运算符
Current_revenue + =Last_revenue
Current_sales_volume + =Last_sales_volume
print('半年销售额:',Current_revenue)
print('半年销售数量:',Current_sales_volume)
#计算近半年产品均价/赋值运算符
Current_revenue/ =Current_sales_volume
print('均价:',Current_sales_volume)
```

运行结果如图 2-6 所示。

半年销售额:610000
半年销售数量:30000
均价:30000

图 2-6 企业产品销售计算案例运行结果

三、企业简单税收计算

合作企业为增值税一般纳税人,所得税税率为 25%,在不考虑其他相关税费的情况下,该企业 2019 年营业利润为 41000 元,交税 10000 元,请计算该企业是否完成所需缴纳的税费?

参考代码如下:

```
Tax_payable =41000 * 0.25
Tax_paid =10000
Is_enough = (Tax_paid > =Tax_payable)#逻辑运算符
print('该企业交税｜｝'.format('足够'if Is_enough else'不足,\
还差'+ str(Tax_payable - Tax_paid) +'元'))
```

运行结果如图 2-7 所示。

该企业交税不足，还差 250.0 元

图 2 - 7　企业简单税收计算案例运行结果

四、企业往年税收情况计算

由于 2019 年该企业没有完成所需缴纳的税收，税务部门需要在该系统中查阅该企业过去 3 年的缴税情况。该企业在 2016 年、2017 年、2018 年这三年的税收支出分别为 8000 元、9000 元和 9500 元；应交税收分别为 7900 元、9200 元和 9200 元。请帮助税务部门给出该企业 2016 年、2017 年、2018 年是否都是缴税充足的查询结果。

参考代码如下：

```
#该企业2016年、2017年和2018年税收支出和应交税收
Tax_payable_2016,Tax_payable_2017,\
Tax_payable_2018 =8000,9000,9500
Tax_paid_2016,Tax_paid_2017,Tax_paid_2018 =7900,9200,9200
"当2016年支出大于应缴税收且2017年支出大于应缴税收且2018年支出大于应缴
税收的情况给出相应判定/关系运算符/逻辑运算符"
#if 分支结构("分支结构"将在第四章做详细介绍)
if Tax_payable_2016 >Tax_paid_2016 and Tax_payable_2017 > \
Tax_paid_2017 and Tax_payable_2018 >Tax_paid_2018:
    print("该企业过去3年交税充足")
elif(Tax_payable_2016 >Tax_paid_2016 and Tax_payable_2017 > \
Tax_paid_2017)or(
    Tax_payable_2016 >Tax_paid_2016 and Tax_payable_2018 > \
    Tax_paid_2018)or(
        Tax_payable_2017 >Tax_paid_2017 and Tax_payable_2018 > \
        Tax_paid_2018):
    print("该企业过去2年交税充足")
elif Tax_payable_2016 >Tax_paid_2016 or Tax_payable_2017 > \
Tax_paid_2017 or Tax_payable_2018 >Tax_paid_2018:
    print("该企业过去1年交税充足")
else:
    print("该企业过去3年都交税不足")
```

运行结果如图 2 - 8 所示。

该企业过去 3 年交税充足

图 2 - 8　企业往年税收情况计算案例运行结果

拓展练习

企业某月 3 日购进了 A 材料 50 千克，单价 40 元，7 日追加购入 A 材料 50 千克，单价 45 元，生产线将 A 材料加工成 B 产品，每 20 千克 A 材料可以生产 15 千克 B 产品，B 产品单价 100 元，生产、管理、运输、销售成本共计 2500 元，企业所得税税率为 23%，该企业应交税多少钱？净利润为多少？

第三节　会计学中常用函数库简介

知识目标

1. math 库的使用
2. random 库的使用
3. datetime 库的使用
4. jieba 库的使用

案例讲解

1. 企业生产运营销售相关经费计算
2. 企业年会上的小游戏
3. 企业财务账本系统的安全应用
4. 对《会计学》定义的分词实践

计算机英语

Math 数学

Random 随机数

Datetime 日期

Radius 半径

Thickness 厚度

Density 密度

Quality 质量

Local time 系统时间

Expenditure 支出

Timestamp 时间戳

Seed 随机数种子

讲一讲

1. 函数库中的函数不能直接使用，需使用关键字 import 进行引用，其方式有两种。第一种，import < 库名 >，对其库中函数采用 < 库名 > . < 函数名 > （ ） 形式使用；第二种，from < 库名 > import < 函数名 >，对其库中函数可以直接采用 < 函数名 > （ ） 形式使用。

2. Python 数学计算标准库函数 math 提供 4 个数学常数和 44 个函数，如表 2 - 8、表 2 - 9、表 2 - 10、表 2 - 11 及表 2 - 12 所示。

表 2 - 8　math 库的数学常数

常数	数学表示	描述
math. pi	π	圆周率，值为 3.141592653589793
math. e	e	自然对数，值为 2.718281828459045
math. inf	□	正无穷大，负无穷大为 - math. inf
math. nan		非浮点数标记，NaN（Not a Number）

表 2 - 9　math 库的数值表示函数

函数	数学表示	描述
math. fabs（x）	$\lvert x \rvert$	返回 x 的绝对值
math. fmod（x，y）	$x \% y$	返回 x 与 y 的模
math. fsum（[x，y，…]）	$x + y + \cdots$	浮点数精确求和
math. ceil（x）	x	向上取整，返回不小于 x 的最小整数
math. floor（x）	x	向下取整，返回不大于 x 的最大整数
math. factorial（x）	$x!$	返回 x 的阶乘，如果 x 是小数或负数，返回 ValueError

表 2 - 10　math 库的幂对数函数

函数	数学表示	描述
math. pow（x，y）	x^y	返回 x 的 y 次幂
math. exp（x）	e^x	返回 e 的 x 次幂，e 是自然对数
math. expml（x）	$e^x - 1$	返回 e 的 x 次幂减 1
math. sqrt（x）	$\sqrt{x}$	返回 x 的平方根
math. log（x [，base]）	$\log_{base} x$	返回 x 的对数值，只输入 x 时，返回自然对数，即 $\ln x$
math. log1p（x）	$\ln(1 + x)$	返回 1 + x 的自然对数值
math. log2（x）	$\log_2 x$	返回 x 的 2 对数值
math. log10（x）	$\log_{10} x$	返回 x 的 10 对数值

表 2 - 11   math 库的三角运算函数

函数	数学表示	描述
math. degrees（x）		角度 x 的弧度值转角度值
math. redians（x）		角度 x 的角度值转弧度值
math. hypot（x, y）	$\sqrt{x^2 + y^2}$	返回（x, y）坐标到原点（0, 0）的距离
math. sin（x）	$\sin x$	返回 x 的正弦函数值，x 是弧度值
math. cos（x）	$\cos x$	返回 x 的余弦函数值，x 是弧度值
math. tan（x）	$\tan x$	返回 x 的正切函数值，x 是弧度值
math. asin（x）	$\arc \sin x$	返回 x 的反正弦函数值，x 是弧度值
math. acos（x）	$\arc \cos x$	返回 x 的反余弦函数值，x 是弧度值
math. atan（x）	$\arc \tan x$	返回 x 的反正切函数值，x 是弧度值
math. atan2（y, x）	$\arc \tan y/x$	返回 y/x 的反正切函数值，x 是弧度值
math. sinh（x）	$\sinh x$	返回 x 的双曲正弦函数值
math. cosh（x）	$\cosh x$	返回 x 的双曲余弦函数值
math. tanh（x）	$\tanh x$	返回 x 的双曲正切函数值
math. asinh（x）	$\arc \sinh x$	返回 x 的反双曲正弦函数值
math. acosh（x）	$\arc \cosh x$	返回 x 的反双曲余弦函数值
math. atanh（x）	$\arc \tanh x$	返回 x 的反双曲正切函数值

表 2 - 12   math 库的高等特殊函数

函数	数学表示	描述
math. erf（x）	$\dfrac{2}{\sqrt{\pi}} \displaystyle\int_0^x e^{-t^2} dt$	高斯误差函数，应用于概率论、统计学等领域
math. erfc（x）	$\dfrac{2}{\sqrt{\pi}} \displaystyle\int_x^\square e^{-t^2} dt$	余补高斯误差函数，math. erfc（x）= - math. erf（x）
math. gamma（x）	$\displaystyle\int_0^\square x^{t-1} e^{-x} dx$	伽玛（Gamma）函数，也叫欧拉第二积分函数
math. lgamma（x）	$\ln(gamma(x))$	伽玛函数的自然对数

3. Python 提供随机运算函数，随机运算采用标准库函数 random 实现，其提供 6 个常用函数，如表 2 - 13 所示。该库函数采用梅森旋转算法生成伪随机数序列，可根据需要查阅该库中随机数生成函数，找到符合使用场景的函数即可。

表 2 - 13   random 库的常用函数

函数	描述
seed（a = None）	初始化随机数种子，默认值为当前系统时间
random（）	生成一个 [0.0, 1.0) 之间的随机小数

续表

函数	描述
randint（a，b）	生成一个［a，b］之间的整数
getrandbits（k）	生成一个 k 比特长度的随机整数
randrange（start，stop［，step］）	生成一个［start，stop）之间以 step 为步数的随机整数
choice（seq）	从序列中随机返回一个元素

4. Python 提供时间处理函数，时间处理标准库函数为 datetime，提供一批显示日期和时间的格式化方法，以格林尼治时间为基础，每天由 3600×24 秒精准定义。该库以类的方式提供多种日期和时间表达，如表 2－14 所示。

表 2－14　datetime 库日期和时间表达方式

类名	描述
datetime. date	日期类，可以表示年、月、日等
datetime. time	时间类，可以表示小时、分钟、秒、毫秒等
datetime. datetime	日期和时间类，功能覆盖 date 和 time 类
datetime. timedelta	与时间间隔有关的类
datetime. tzinfo	与时区有关信息的类

5. Python 中有一个重要的第三方中文分词库函数 jieba，使用时需要使用 pip 指令进行安装（也可以到第三方函数库进行安装包下载，下载地址：https：//pypi. org/search/? q＝jieba），其分词原理是利用一个中文词库，将待分词的内容与分词词库进行比对，通过图结构和动态规划方法找到最大概率的词组。该库支持三种分词模式：精确模式、全模式和搜索引擎模式，其常用分词函数如表 2－15 所示。

表 2－15　jieba 库常用分词函数

函数	描述
jieba. cut（s）	精确模式，返回一个可迭代的数据类型
jieba. cut（s，cut_all＝True）	全模式，输出文本 s 中所有可能的单词
jieba. cut_for_search（s）	搜索引擎模式，适合搜索引擎建立索引的分词结果
jieba. lcut（s）	精确模式，返回一个列表类型
jieba. lcut（s，cut_all＝True）	全模式，返回一个列表类型
jieba. lcut_for_search（s）	搜索引擎模式，返回一个列表类型
jieba. add_word（w）	向分词词典中增加新词 w

创设情境

企业在经营过程中一旦进行交易就会产生票据。在数字经济的今天，出现了电子票据。电子票据的核心思想就是将实物票据电子化，电子票据可以如同实物票据一样进行转让、贴现、质押、托收等。传统票据业务中的各项票据业务的流程均没有改变，只是每一个环节都加载了电子化处理手段，使我们业务操作的手段和对象发生了根本的改变。企业电子票据业务流程主要包括以下几个类型的业务操作：①企业申请开办电子票据业务；②企业网上申请、签发电子票据；③企业电子票据背书转让；④企业网上申请电子票据贴现；⑤托收电子票据，出票行兑付；⑥追索、清偿。而电子票据银行方业务包括：①转贴现（买断式与回购式）；②再贴现（买断式与回购式）。

学习任务

请在课前理解和学习二维码中提供的资料。

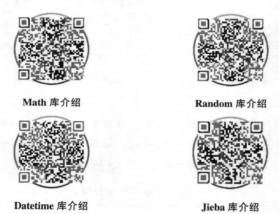

Math 库介绍   Random 库介绍

Datetime 库介绍   Jieba 库介绍

码到成功

一、企业生产运营销售相关经费计算

1. 企业在本月 3 日向供应商 A 购买甲材料 2300 千克，单价 6 元；5 日向供应商 B 购买乙材料 800 千克，单价 7 元；8 日追加购买乙材料 1000 千克，单价 5 元。请计算购入材料的总花费。

参考代码如下：

```
import math          #库函数的引用
#数值表示函数/浮点数精确求和
price = math.fsum((2300 * 6,800 * 7,1000 * 5))
print('总共花费{}元'.format(price))
```

运行结果如图 2 – 9 所示。

总共花费 24400.0 元

图 2 – 9　企业材料分批购买经费计算运行结果

2. 同时，该企业在本月 26 日使用部分甲、乙两种材料生产了三批产品 A，三批材料都是以整百千克售出，分别售出价格为 10400 元、19500 元、23400 元，三批产品的每千克单价皆相同，在不考虑其他收入和支出情况，请计算该产品每百千克可能的价格。

参考代码如下：

```
import math          #库函数的引用
#数值表示函数/返回 a 与 b 的最大公约数
price = math.gcd(10400,19500)
price = math.gcd(price,23400)
print('每百千克价格为{}'.format(price))
```

运行结果如图 2 – 10 所示。

每百千克价格为 1300 元

图 2 – 10　企业产品分批销售平均价格计算运行结果

3. 该企业需要生产一批圆形材料，半径为 20cm，厚度为 5cm，已知该材料密度为 $7.9 \times 10^3 kg/m^3$，请计算每生产一个产品，需耗费多少千克的原材料（假设生产过程中无损耗）。

参考代码如下：

```
import math
#产品半径,厚度,密度
radius,thickness,density = 0.2,0.05,7900
#产品底面积计算/幂对数函数
area = math.pi * math.pow(radius,2)
#产品体积计算
volume = area * thickness
#产品质量计算
quality = volume * density
print("该产品单个质量:{}".format(quality))
```

运行结果如图 2 – 11 所示。

该产品单个质量：49.63716392671874

图 2 – 11　企业生产产品材料消耗量计算运行结果

二、企业年会上的小游戏

1. 企业在元旦晚会上向每位参会员工发放了一个标记数字的入场券，总共 240 张，现场需要从中随机抽取 5 个数字，并对持有该数字者发放奖励。请实现该业务需求。

参考代码如下：

```
import random          #库函数的引用
#随机生成一个[a,b]之间的整数
print("第 1 名幸运数字:{}".format(random.randint(1,240)))
print("第 2 名幸运数字:{}".format(random.randint(1,240)))
print("第 3 名幸运数字:{}".format(random.randint(1,240)))
print("第 4 名幸运数字:{}".format(random.randint(1,240)))
print("第 5 名幸运数字:{}".format(random.randint(1,240)))
```

运行结果如图 2 – 12 所示。

第 1 名幸运数字：164
第 2 名幸运数字：29
第 3 名幸运数字：7
第 4 名幸运数字：190
第 5 名幸运数字：71

图 2 – 12　幸运抽奖功能运行结果

2. 元旦年会上有个小游戏——剪刀石头布，AB 双方各出一个手势，判断哪一方获胜，请使用 Python 实现该业务需求。

参考代码如下：

```
import random
#从序列中随机返回一个元素
a = random.choice(['剪刀','石头','布'])
b = random.choice(['剪刀','石头','布'])
print("A 出{}".format(a))
print("B 出{}".format(b))
#if 分支结构
if(a = ='剪刀'and b = ='布')or(a = ='布'and b = ='石头')\
or(a = ='石头'and b = ='剪刀'):
    print("A 获胜")
if(a = ='剪刀'and b = ='石头')or(a = ='布'and b = ='剪刀')\
or(a = ='石头'and b = ='布'):
    print("B 获胜")
if(a = ='剪刀'and b = ='剪刀')or(a = ='布'and b = ='布')\
or(a = ='石头'and b = ='石头'):
    print("平局")
```

运行结果如图 2 - 13 所示。

A 出　剪刀

B 出　剪刀

平局

图 2 - 13　电子猜拳功能运行结果

三、企业财务账本系统的安全应用

1. 请实现财务账本系统中获取当前时间，并格式化输出的业务需求。

参考代码如下：

```
import time          #库函数的引用
#获取系统的年月日时分秒
localtime = time.localtime(time.time())
#生成固定格式的时间表示格式
print("本地时间为:",time.asctime(localtime))
```

运行结果如图 2 - 14 所示。

本地时间为：Wed Feb 19 8：12：26 2020

图 2 - 14　财务账本系统获取当前时间运行结果

2. 请实现财务账本系统中的 2 个日期间隔多少天的计算功能。

参考代码如下：

```
import time
#开始日期
start_time ='2019 - 06 - 01'
#结束日期
end_time ='2019 - 09 - 18'
#mktime 函数是 localtime 的反函数,返回用秒数返回的浮点数
start = time.mktime(time.strptime(start_time,'% Y - % m - % d'))
end = time.mktime(time.strptime(end_time,'% Y - % m - % d'))
#int() 强制类型转换
count_days = int((end - start)/(24 * 60 * 60))
print("{}与{}之间间隔{}天".format(start_time,end_time,count_days))
```

运行结果如图 2 - 15 所示。

2019 - 06 - 01 与 2019 - 09 - 18 之间间隔 109 天

图 2 - 15　财务账本系统间隔天数计算运行结果

3. 为保证财务账本的安全性，企业计划将财务账本使用一种随机加密的方式储存，

具体加密方式如下：以记账时间生成时间戳，并将该时间戳作为随机数种子生成一个 12 位随机密码，然后将该 12 位随机密码分成前后两个六位的 KEY_A 和 KEY_B，在得到两个 key 后，将需要记录的收入和支出的数据按以下公式进行计算以获得加密数据：加密数据 ＝ 原数据 × KEY_B － KEY_A^2。假如 2020 年 2 月 2 日的 20 时 18 分 26 秒记录了收入 186500.26 元，支出 128300.38 元，计算两个数据加密后的加密数据。

参考代码如下：

```
#库函数的引用,两种不同方式表达
from datetime import datetime
import random
import math
time ='2020 -02 -02 20:18:26'
time_format ='% Y -% m -% d% H:% M:% S'
income =186500.26
expenditure =128300.38
time_stamp = int(datetime.strptime(time,time_format).timestamp())
#时间戳
random.seed(time_stamp)          #置随机数种子为时间戳
key = random.randint(100000000000,999999999999)
#生成一个十二位的随机密钥,此处为212683915504
KEY_A = int(str(key)[0:6])        #212683
KEY_B = int(str(key)[6:12])       #915504
#幂对数函数
encrypted_income = income * KEY_B - math.pow(KEY_A,2)
encrypted_expenditure = expenditure * KEY_B - math.pow(KEY_A,2)
print('加密密钥 KEY_A 为{},KEY_B 为{}'.format(KEY_A,KEY_B))
print('加密后的收入为{},\
支出为{}'.format(encrypted_income,encrypted_expenditure))
```

运行结果如图 2 –16 所示。

加密密钥 KEY_A 为 212683，KEY_B 为 915504

加密后的收入为 125507675542.04001，支出为 72225452602.52

图 2 –16　企业财务账本系统的加密功能运行结果

四、对《会计学》定义的分词实践

中文分词是文本挖掘的基础，属于自然语言处理（NLP）技术范畴，在很多领域得到了应用。

参考代码如下：

```
import jieba
#分词函数/精确模式
seg_list = jieba.cut("会计学的研究对象包括会计的所有方面,如会计的性质、对
象、职能、任务、方法、程序、组织、制度、技术等。会计学用自己特有的概念和理论,概括
和总结它的研究对象。会计学是一门实践性很强的学科,它既研究会计的原理、原则,探
求那些能揭示会计发展规律的理论体系与概念结构,又研究会计原理和原则的具体应
用,提出科学的指标体系和反映与控制的方法技术。会计学从理论和方法两个方面为会
计实践服务,成为人们改进会计工作、完善会计系统的指南。")
#join()用于将序列中元素以指定的字符连接生成一个新的字符串
print(",".join(seg_list))
```

运行结果如图 2-17 所示。

```
Building prefix dict from the default dictionary ...
Loading model from cache C:\Users\liu-f\AppData\Local\Temp\jieba.cache
Loading model cost 0.678 seconds.
Prefix dict has been succesfully.
```
会计学, 的, 研究, 对象, 包括, 会计, 的, 所有, 方面, ,, 如, 会计, 的, 性质, 、, 对象,
、, 职能, 、, 任务, 、, 方法, 、, 程序, 、, 组织, 、, 制度, 、, 技术, 等, 。, 会计学,
用, 自己, 特有, 的, 概念, 和, 理论, ,, 概括, 和, 总结, 它, 的, 研究, 对象, 。, 会计
学, 是, 一门, 实践性, 很强, 的, 学科, ,, 它, 既, 研究, 会计, 的, 原理, 、, 原则, ,,
探求, 那些, 能, 揭示, 会计, 发展, 规律, 的, 理论体系, 与, 概念, 结构, ,, 又, 研究,
会计, 原理, 和, 原则, 的, 具体, 应用, ,, 提出, 科学, 的, 指标体系, 和, 反映, 与, 控
制, 的, 方法, 技术, 。, 会计学, 从, 理论, 和, 方法, 两个, 方面, 为, 会计, 实践, 服务,
,, 成为, 人们, 改进, 会计工作, 、, 完善, 会计, 系统, 的, 指南, 。

图 2-17 对《会计学》定义的分词实践案例运行结果

拓展练习

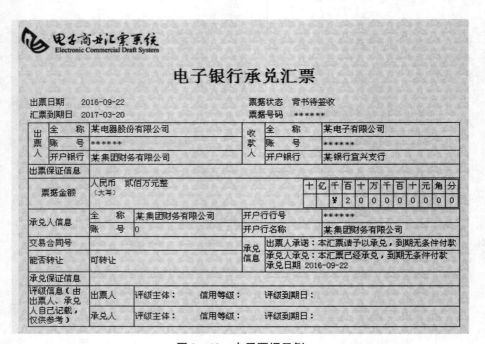

图 2－18　电子票据示例

　　请在网络上自行收集 20 张以上的该类型电子票据，如图 2－18 所示。实现票据按相同公司名称进行分类的功能。

应用与实践——

管理学中的文本表达

课题内容： 管理学中的通用序列操作
管理学中的字符串类型及方法操作
管理学中的字符串格式化及应用

课题时间： 6 课时

教学目的： 通过本章的学习，使学生掌握通用序列的操作，熟
练运用字符串格式化操作和常用字符串方法，利用
管理学中的实践应用，让学生进一步掌握字符串的
使用方法

教学方式： 以学生自主探究、合作探究及课堂活动分享为主，
以教师讲述为辅，结合游戏的方式进行教学

教学要求： 1. 使学生掌握通用序列的操作方法
2. 使学生掌握字符串格式化操作方法
3. 使学生掌握常用的字符串方法
4. 使学生掌握针对字符串的程序设计方法

第三章　管理学中的文本表达

第一节　管理学中的通用序列操作

知识目标

1. 初识数据结构
2. 序列索引的操作方法
3. 序列分片的操作方法
4. 序列相加的操作方法
5. 序列乘法的操作方法

案例讲解

1. 实现 ERP 系统中新进员工分组管理功能
2. 根据客户需求在 ERP 系统中对分组进行合并
3. 在 ERP 系统中实现随机产生组长一名的功能
4. 在 ERP 系统中实现小组业绩排行抽奖功能

计算机英语

Sequence 序列
Index 索引
Slice 分片
Members 成员
Leader 组长

讲一讲

1. 数据结构是通过某种方式组织在一起的数据元素集合，这些数据元素可以是数字或字符，甚至可以是其他数据结构。

最基本的数据结构是序列，常用序列结构有字符串、列表和元组，所有序列类型都可以进行某些特定的操作。

2. 序列中的所有元素都可以通过索引（下标）来获取，从左往右，第一个元素的索引为 0，第二个为 1，依此类推到最后一位。索引还可以取负值，从右往左，最后一个元素的索引为 -1，倒数第二个为 -2，依此类推到左侧第一位。

3. 例如，创建一个字符串：" str = 'Python'"，索引如表 3-1 所示。

表 3-1　字符串 str 索引

字符	P	y	t	h	o	n
索引（正）	0	1	2	3	4	5
索引（负）	-6	-5	-4	-3	-2	-1

4. 分片与索引类似，都可获取序列中的元素，区别是索引只能获取单个元素，而分片可以获取一定范围内的元素。分片通过使用冒号隔开的两个索引来实现，语法：slice[start：end：step]，其中 slice 表示序列，start 表示起始索引，end 表示结束索引，step 表示索引步长（默认为 1，不能为 0，步长值可以为负数）。

5. 假设有一序列变量 strs，其序列值为：strs = 'abcdefg'，使用分片获取相应元素，分片操作如表 3-2 所示。

表 3-2　分片获取字符串 strs 中的元素

分片操作	描述	输出结果
strs [1:]	获取 strs 中从索引 1 开始到最后一个的所有元素	'bcdefg'
strs [:3]	获取 strs 中从索引 0 开始到索引 3 之间的元素	'abc'
strs [1:3]	获取 strs 中从索引 1 开始到索引 3 之间的元素	'bc'
strs [:-1]	获取 strs 中从索引 0 开始到最后一个元素之间的元素	'abcdef'
strs [-3:-1]	获取 strs 中从索引 -3 开始到最后一个元素之间的元素	'ef'
strs [-3:]	获取 strs 中最后三个元素	'efg'
strs [:]	获取 strs 中所有元素	'abcdefg'

6. 可以使用加法运算符对序列进行连接操作，即实现序列相加。相加的序列必须是相同类型的，否则不能进行连接。

7. 使用数字 n 乘以一个序列会生成新的序列，在新的序列中，原来的序列将被重复 n 次。

创设情境

管理学是一门综合性交叉学科，是系统研究管理活动的基本规律和一般方法的科学。管理学是适应现代社会化大生产需要而产生的，其目的是研究在现有条件下，如何通过合理组织和配置人、财、物等因素，提高生产力的水平。在数字经济时代背景下，管理学面临前所未有的挑战与机遇，其特点是以系统论、信息论、控制论为理论基础，应用数学模型和电子计算机手段来研究解决各种管理问题。目前，企业常用的 ERP 系统就是一个非常典型的应用。该系统以信息技术为基础，融合系统化管理思想，为企业决策层及员工提供决策运行手段。同时，该系统已成为现代企业的运行模式，反映时代对企业合理调配资源，最大化地创造社会财富的要求，成为企业在信息时代生存、发展的基石。

学习任务

请在课前理解和学习二维码中提供的资料。

码到成功

一、ERP 系统中新进员工分组管理功能

企业新进一批员工，将在 ERP 系统中对新进员工进行分组管理，每 6 人为一组，名单如表 3 - 3 所示。

表 3 - 3　企业新进员工名单

Emma	Mary	Allen	Olivia	Natasha	Kevin
Sophia	Ashley	Hale	Steve	Kelly	Rose
Charles	William	Richard	David	Jeanne	James
Daniel	Matthew	Mark	Andrew	Jean	Edith
Vera	John	Tracy	Grace	Ruth	Hannah
Angel	Christopher	Shirley	Gary	Robert	Beverly

请采用 Python 实现将以上名单中的人员平均分成六组，并输出每个小组人数和相应成员名单。

参考代码如下：

```
#创建列表("列表"将在第五章内容中做详细介绍)
Members = ['Emma','Mary','Allen','Olivia','Natasha','Kevin',\
           'Sophia','Ashley','Hale','Steve','Kelly','Rose',\
           'Charles','William','Richard','David','Jeanne','James',\
           'Daniel','Matthew','Mark','Andrew','Jean','Edith',\
           'Vera','John','Tracy','Grace','Ruth','Hannah',\
           'Angel','Christopher','Shirley','Gary','Robert','Beverly']
#返回序列中元素的个数
Group_members_number = len(Members)//6
print('平均每个小组有{}人.'.format(Group_members_number))
#序列的分片
Group1 = Members[0:6]#从第一个元素0开始索引,到6结束索引
Group2 = Members[6:12]
Group3 = Members[12:18]
Group4 = Members[18:24]
Group5 = Members[24:30]
Group6 = Members[30:36]
print('第一组的成员为:',Group1)
print('第二组的成员为:',Group2)
print('第三组的成员为:',Group3)
print('第四组的成员为:',Group4)
print('第五组的成员为:',Group5)
print('第六组的成员为:',Group6)
```

运行结果如图 3-1 所示。

```
平均每个小组有6人。
第一组的成员为: ['Emma', 'Mary', 'Allen', 'Olivia', 'Natasha', 'Kevin']
第二组的成员为: ['Sophia', 'Ashley', 'Hale', 'Steve', 'Kelly', 'Rose']
第三组的成员为: ['Charles', 'William', 'Richard', 'David', 'Jeanne', 'James']
第四组的成员为: ['Daniel', 'Matthew', 'Mark', 'Andrew', 'Jean', 'Edith']
第五组的成员为: ['Vera', 'John', 'Tracy', 'Grace', 'Ruth', 'Hannah']
第六组的成员为: ['Angel', 'Christopher', 'Shirley', 'Gary', 'Robert', 'Beverly']
```

图 3-1　ERP 系统中新进员工分组管理功能案例运行结果

二、根据客户需求在 ERP 系统中对分组进行合并

将案例一中 6 人小组重新分成 12 人小组，其中要求第一组和第三组、第二组和第五组、第四组和第六组进行合并（提示：此案例需要使用案例一的分组结果）。

参考代码如下：

```
#此部分是案例一中代码的延续
New_group1 = Group1 + Group3        #序列相加
New_group2 = Group4 + Group6
New_group3 = Group2 + Group5
print('新的第一小组成员为',New_group1)
print('新的第二小组成员为',New_group2)
print('新的第三小组成员为',New_group3)
```

运行结果如图 3-2 所示。

新的第一小组成员为 ['Emma', 'Mary', 'Allen', 'Olivia', 'Natasha', 'Kevin', 'Charles', 'William', 'Richard', 'David', 'Jeanne', 'James']
新的第二小组成员为 ['Daniel', 'Matthew', 'Mark', 'Andrew', 'Jean', 'Edith', 'Angel', 'Christopher', 'Shirley', 'Gary', 'Robert', 'Beverly']
新的第三小组成员为 ['Sophia', 'Ashley', 'Hale', 'Steve', 'Kelly', 'Rose', 'Vera', 'John', 'Tracy', 'Grace', 'Ruth', 'Hannah']

图 3-2　根据客户需求在 ERP 系统中对分组进行合并案例的运行结果

三、在 ERP 系统中实现随机产生组长一名的功能

利用案例二的分组结果，在每个小组中随机抽取一人担任临时组长一职。

参考代码如下：

```
#此部分是案例一和案例二中代码的延续
from random import randint                    #random 库函数引用
#在 0 到 11 之间获取随机数
Menber_index1,Menber_index2,Menber_index3 = randint(0,11),\
randint(0,11),randint(0,11)
Leader_member1 = New_group1[Menber_index1]       #列表索引
Leader_member2 = New_group2[Menber_index2]
Leader_member3 = New_group3[Menber_index3]
print('第一组组长是:',Leader_member1)
print('第二组组长是:',Leader_member2)
print('第三组组长是:',Leader_member3)
```

运行结果如图 3-3 所示。

第一组组长是：Kevin
第二组组长是：Angel
第三组组长是：Rose

图 3-3　在 ERP 系统中实现随机产生组长一名的功能案例运行结果

四、在 ERP 系统中实现小组业绩排行抽奖功能

新员工入职后三个月，企业对入职员工做了一个小组业绩综合排名，排名结果为第三组第一名，第一组第二名，第二组第三名，现在需要从 3 个组中抽出一位幸运员工予以奖励，根据所在小组业绩排行不同，概率也不同，第一组、第二组和第三组中员工抽中比例为 2∶1∶3。

参考代码如下：

```
#此部分是案例一、案例二和案例三中代码的延续
#random 库函数引用/序列乘法
Random_group = New_group1 * 2 + New_group2 + New_group3 * 3
random_index = randint(0,len(Random_group) - 1)
lucky_member = Random_group[random_index]#序列索引
print('幸运员工是:',lucky_member)
```

运行结果如图 3-4 所示。

幸运员工是：Kelly

图 3-4　在 ERP 系统中实现小组业绩排行抽奖功能

拓展练习

为了提高业绩，让新进员工之间相互学习、相互合作并快速融入企业，现企业对新进员工实行"一带二"模式，让综合业绩高的小组，每个员工带 2 个新员工共同工作、一同进步，即体现为第三组成员 12 人带第一组和第二组成员 24 人，请给出全部的组合方式，并将其快速打印出来。

第二节　管理学中的字符串类型及方法操作

知识目标

1. 字符串类型的表示
2. 字符串处理函数
3. 初识类的概念
4. 字符串处理方法

案例讲解

1. 实现人力资源管理系统招聘模板制作
2. 实现招聘信息的修改
3. 实现人力资源管理系统对求职者面试分数筛选功能
4. 实现人力资源管理系统对新进员工的简单管理功能

计算机英语

Format 格式化

Recruitment 招聘

Electrical 电气

Composite 复合/综合

Score 分数

List 清单

Newenergy 新能源

讲一讲

1. 字符串是字符的序列表示，可以由一对单引号（′′）、双引号（" "）或三引号（″″″″）构成。

如果字符串内部既包含单引号又包含双引号，则可使用转义字符"\"来标识。转义字符是以"\"开头，后跟一个字符，通常用来表示 Python 中一些控制代码和功能定义。Python 常用转义字符如表 3 −4 所示。

表 3 −4　Python 常用转义字符

转义字符	说明	转义字符	说明
\ n	回车换行	\ ′	单引号符′
\ b	退格	\ "	双引号符"
\ r	回车	\ a	鸣铃
\ t	水平制表	\ f	走纸换页
\ v	垂直制表	\ \	反斜线符 \

2. Python 解释器提供了与字符串处理有关的内置函数，如表 3 −5 所示。

表3－5　内置字符串处理函数

函数	描述
len（x）	返回字符串 x 的长度，也可返回其他组合数据类型元素个数
max（x）	返回字符串 x 中最大值
min（x）	返回字符串 x 中最小值
str（x）	返回任意类型 x 所对应的字符串
chr（x）	返回 Unicode 编码 x 所对应的单字符
ord（x）	返回单字符所对应的 Unicode 编码
hex（x）	返回整数 x 所对应十六进制数的小写字符串
oct（x）	返回整数 x 所对应八进制数的小写字符串

3. 在面向对象编程中，最重要的两个概念是类和对象。在 Python 解释器内部，所有数据类型都采用面向对象方式实现，封装为一个类，其具有<a>.<b>（　）形式的处理函数。类是抽象的，是对一群具有相同特征和行为的事物的统称。

4. 字符串是一个类，Python 提供了大量与字符串类型相关的内置方法，包含字符串的查找、统计、连接、替换、分割、移除、转换等操作，如表3－6所示。

表3－6　字符串常用处理方法

方法	描述	语法格式
find（　）	用于在一个较长字符串中查找子串	str. find（sub［，start［，end］］） 其中，str 表示被查找字符串；sub 表示查找串；start 表示开始索引；end 表示结束索引
count（　）	用于统计字符串中某个子串出现的次数	str. count（sub［，start［，end］］） 其中，str 表示被查找字符串；sub 表示查找串；start 表示开始索引；end 表示结束索引
split（　）	以指定字符为分隔符，从字符串左端开始将其分隔成多个字符串，并返回包含分隔结果的列表	str. split（［delimiter，num］） 其中，str 表示被分隔的字符串；delimiter 表示分隔符，默认为空字符，还可以是空格、换行（\ n）、制表符（\ t）等；num 表示分割次数，默认为全部分割
join（　）	用于将序列中的元素以指定的字符连接，生成一个新的字符串	str. join（sequence） 其中，str 表示连接符，可以为空；sequence 表示要连接的元素序列
replace（　）	用于将字符串中的旧字符串替换成新字符串	str. replace（old，new［，max］） 其中，str 表示被查找字符串；old 表示将被替换的子串；new 表示新字符串，用于替换 old 子串；max 是可选参数，表示替换不超过 max 次，默认为全部替换
strip（　）	用于删除字符串两端连续的空白字符或指定字符	str. strip（［chars］） 其中，str 表示字符串；chars 表示移除字符串两端指定的字符

创设情境

人力资源管理，简称 HR（Human Resource），是为实现一定目标，对所属工作人员进行选拔、使用、培养、考核、奖惩等一系列的管理活动，主要通过人力资源规划、招聘与配置、培训与开发、绩效考核、薪酬管理、劳动关系管理六大模块实现企业管理。人力资源管理系统通过提高内部员工满意度、忠诚度，从而提高员工贡献度，即绩效，帮助管理者通过有效组织管理降低成本和加速增长来创造价值链利润。该系统从人力资源管理角度出发，利用数据将几乎所有与人力资源相关的信息统一管理起来，核心模块包括人事档案管理、组织架构管理、合同管理、薪酬管理、社保管理、绩效管理、考勤管理、培训管理、招聘管理、报表管理等。

学习任务

请在课前理解和学习二维码中提供的资料。

码到成功

一、人力资源管理系统招聘模板制作

棒哥新能源公司因业务需要，现向社会招聘工程项目管理相关人才，具体招聘信息模板如下：

> **招　聘**
>
> 因公司业务需要,现面向社会招聘工程项目管理相关人才,职位信息如下:
>
> 工作内容:负责¦¦等工作。
>
> 其他要求:
>
> 1.对绘制电气图纸有一定了解;
>
> 2.熟悉¦¦等办公软件制作文档等;
>
> 3.¦¦等相关专业,对机械及电气仪表熟悉;
>
> 4.熟悉高低压配电设计规范,精通电气控制技术,PLC 通信和控制技术。
>
> ¦¦公司
>
> ¦¦

其中，要求招聘时间为 2020 年 10 月 10 日；负责工作为工程备件管理；熟悉软件为

WORD，EXCEL；要求相关专业为电气工程及其自动化。请根据上述具体要求使用模板，打印招聘通知。

参考代码如下：

```
#字符串 format( )格式化
Recruitment_Information ="'            #初始化字符串类型
招聘
    因公司业务需要,现面向社会招聘工程项目管理相关人才,职位信息如下:
工作内容:负责{}等工作。
其他要求:
1.对绘制电气图纸有一定了解;
2.熟悉{}等办公软件制作文档等;
3.{}等相关专业,对机械及电气仪表熟悉;
4.熟悉高低压配电设计规范,精通电气控制技术,PLC 通信和控制技术。
{}公司
{}"'.format('工程备件管理','WORD,EXCEL','电气工程及其自动化',\
         '棒哥新能源','2020 年 10 月 10 日')
print(Recruitment_Information)
```

运行结果如图 3 - 5 所示。

招聘

因公司业务需要，现面向社会招聘工程项目管理相关人才，职位信息如下：

工作内容：负责工程备件管理等工作。

其他要求：

1. 对绘制电气图纸有一定了解；

2. 熟悉 WORD，EXCEL 等办公软件制作文档等；

3. 电气工程及其自动化等相关专业，对机械及电气仪表熟悉；

4. 熟悉高低压配电设计规范，精通电气控制技术，PLC 通信和控制技术。

棒哥新能源公司

2020 年 10 月 10 日

图 3 - 5　人力资源管理系统招聘模板制作案例运行结果

二、招聘信息的修改

棒哥新能源公司在发布了招聘信息后一周，由于公司上线新业务，需要修改原招聘信息，将其中的负责工作从原来的"工程备件管理"修改为"工程备件管理，工程备份审核及工程档案管理，项目过程监督"，请根据业务需求修改招聘通知，并重新发布。

参考代码如下：

```
#此部分是案例一中代码的延续
#replace()用于将字符串中旧字符串替换为新字符串
print(Recruitment_Information.replace('工程备件管理',\
'工程备件管理,工程备份审核及工程档案管理,项目过程监督'))
```

运行结果如图 3 –6 所示。

招聘

因公司业务需要，现面向社会招聘工程项目管理相关人才，职位信息如下：

工作内容：负责工程备件管理，工程备份审核及工程档案管理，项目过程
监督等工作。

其他要求：

1. 对绘制电气图纸有一定了解；

2. 熟悉 WORD，EXCEL 等办公软件制作文档等；

3. 电气工程及其自动化等相关专业，对机械及电气仪表熟悉；

4. 熟悉高低压配电设计规范，精通电气控制技术，PLC 通信和控制技术。

棒哥新能源公司

2020 年 10 月 10 日

图 3 –6 招聘信息的修改案例运行结果

三、人力资源管理系统对求职者面试分数筛选功能

招聘信息发布两周后，棒哥新能源公司组织了应聘者面试活动。表 3 – 7 展示了部分
应聘者的 office 能力分数、电气相关能力分数及综合能力分数。请打印表中 office 能力分
数、电气相关能力分数和综合能力分数最高分和最低分应聘者信息。

表 3 – 7 部分应聘者信息及面试分数

姓名	年龄	性别	office 能力分数	电气相关能力分数	综合能力分数
John	30	男	76. 2	76. 9	76
Tim	32	男	86. 7	92. 3	89
Sam	28	男	90. 2	90. 8	90
Andy	29	女	85. 3	78. 3	82

参考代码如下：

```
Office_dict = {}  #初始化字典("字典"将在第五章内容中做详细介绍)
Electrical_dict = {}
Composite_dict = {}
while1:              #循环结构("循环结构"将在第四章内容中做详细介绍)
    information = input('录入一个人的信息\
    (姓名、年龄、性别、office 能力分数、'+\
```

```python
'电气相关能力分数、综合能力分数,并用",",隔开),输入 end 停止录入:')
#分支结构("分支结构"将在第四章内容中做详细介绍)
if information = ='end':
    break
information_list = information.split(',')
Office_dict[information_list[3]] = information_list
Electrical_dict[information_list[4]] = information_list
Composite_dict[information_list[5]] = information_list
Office_max_score = Office_dict[max(Office_dict)]#计算最大值
Electrical_max_score = Electrical_dict[max(Electrical_dict)]
Composite_max_score = Composite_dict[max(Composite_dict)]
Office_min_score = Office_dict[min(Office_dict)]#计算最小值
Electrical_min_score = Electrical_dict[min(Electrical_dict)]
Composite_min_score = Composite_dict[min(Composite_dict)]
print('office 能力分数:最高分{},姓名{},\
年龄{},性别{};最低分{},姓名{},年龄{},性别{}'\
    .format(Office_max_score[3],Office_max_score[0],\
Office_max_score[1],\

Office_max_score[2],Office_min_score[3],Office_min_score[0],\
        Office_min_score[1],Office_min_score[2]))
print('电气相关能力分数:最高分{},姓名{},年龄{},性别{};\
最低分{},姓名{},年龄{},性别{}'\
.format(Electrical_max_score[4],Electrical_max_score[0],\
Electrical_max_score[1],\

Electrical_max_score[2],Electrical_min_score[4],\
Electrical_min_score[0],\
    Electrical_min_score[1],Electrical_min_score[2]))
print('综合能力分数:最高分{},姓名{},年龄{},性别{};最低分{},姓名{},年龄\
{},性别{}'\
    .format(Composite_max_score[4],Composite_max_score[0],\
Composite_max_score[1],Composite_max_score[2],\
Composite_min_score[4],Composite_min_score[0],\
Composite_min_score[1],Composite_min_score[2]))
```

运行结果如图 3 - 7 所示。

录入一个人的信息（姓名、年龄、性别、office 能力分数、电气相关能力分数、综合能力分数，并用","隔开），办理人 end 停止录入：John, 30, 男, 76.2, 76.9, 76

录入一个人的信息（姓名、年龄、性别、office 能力分数、电气相关能力分数、综合能力分数，并用","隔开），办理人 end 停止录入：Tim, 32, 男, 86.7, 92.3, 89

录入一个人的信息（姓名、年龄、性别、office 能力分数、电气相关能力分数、综合能力分数，并用","隔开），办理人 end 停止录入：Sam, 28, 男, 90.2, 90.8, 90

录入一个人的信息（姓名、年龄、性别、office 能力分数、电气相关能力分数、综合能力分数，并用","隔开），办理人 end 停止录入：Andy, 29, 女, 85.3, 78.3, 82

录入一个人的信息（姓名、年龄、性别、office 能力分数、电气相关能力分数、综合能力分数，并用","隔开），办理人 end 停止录入：end

office 能力分数：最高分 90.2，姓名 Sam，年龄 28，性别男，最低分 76.2，姓名 John，年龄 30，性别男

电气相关能力分数：最高分 92.3，姓名 Tim，年龄 32，性别男，最低分 76.9，姓名 John，年龄 30，性别男

综合能力分数：最高分 90，姓名 Sam，年龄 28，性别男，最低分 76，姓名 John，年龄 30，性别男

图 3 - 7　人力资源管理系统对求职者面试分数筛选功能案例运行结果

四、人力资源管理系统对新进员工的简单管理功能

人力资源管理系统将为新进员工分配员工 id 号，此 id 号由数字和英文组成，如表 3 - 8 所示。

表 3 - 8　新进员工 id 号

D1s85v3	S4v1G2s	2d5Gs3a	4765dfsd
Hj4jR21	65p6iyb	418d4sf	sd4f652
21D85T	D41f56	8d46s56	dyhju47
546GS6b	s56dhfg	6f564df	P4865tg

1. 将所有新进员工 id 号以 " - " 连接并打印输出。

参考代码如下：

```
Id_list = ('D1s85v3','S4v1G2s','2d5Gs3a',\
'4765dfsd','Hj4jR21','65p6iyb','418d4sf','sd4f652',\
    '21D85T','D41f56','8d46s56','dyhju47',\
    '546GS6b','s56dhfg','6f564df','P4865tg')
cut = " - "
#字符串方法 join()/序列中元素以指定字符连接生成新的字符串
print(cut.join(Id_list))
```

运行结果如图 3 - 8 所示。

```
D1s85v3-S4v1G2s-2d5Gs3a-4765dfsd-Hj4jR21-65p6iyb-418d4sf-sd4f652-21D85T-D41f56
-8d46s56-dyhju47-546GS6b-s56dhfg-6f564df-P4865tg
```

图 3 - 8　新进员工 id 号以 " - " 连接案例运行结果

2. 输入一个员工 id 号, 判断该员工 id 号是否为新进员工 id 号。

参考代码如下:

```
id_list ='D1s85v3 - S4v1G2s - 2d5Gs3a - 4765dfsd - \
Hj4jR21 - 65p6iyb - 418d4sf - \
    sd4f652 - 21D85T - D41f56 - 8d46s56 - dyhju47 - \
    546GS6b - s56dhfg - 6f564df - P4865tg'
input_id = input('请输入一个需要查询的员工 id 号:')
if input_id.isalnum():          #isalnum()检测字符串是否由字母和数字组成
    print('新进员工'if id_list.find(input_id)! = -1 else'非新进员工') \
    #find()查找子串
else:
    print('输入 id 格式不正确。')
```

运行结果如图 3 - 9 所示。

请输入一个需要查询的员工 id 号: D41f58
非新进员工

图 3 - 9　新进员工判定案例运行结果

3. 将所有新进员工 id 号用列表进行存储。

参考代码如下:

```
ids ='D1s85v3 - S4v1G2s - 2d5Gs3a - 4765dfsd - Hj4jR21 - \
65p6iyb - 418d4sf - sd4f652 - \
21D85T - D41f56 - 8d46s56 - dyhju47 - 546GS6b - \
s56dhfg - 6f564df - P4865tg'
#split()以指定字符为分隔符,从字符串左端开始将其分隔为多个字符串
id_list = ids.split('-')
print(id_list)
```

运行结果如图 3 - 10 所示。

```
['D1s85v3', 'S4v1G2s', '2d5Gs3a', '4765dfsd', 'Hj4jR21', '65p6iyb', '418d4sf',
 'sd4f652', '21D85T', 'D41f56', '8d46s56', 'dyhju47', '546GS6b', 's56dhfg',
 '6f564df', 'P4865tg']
```

图 3 - 10　将连接的 id 号分隔开运行结果

拓展练习

现需在人力资源管理系统中制作一个公告输入输出系统, 除了设置公告内容外, 还需设置公告板宽度。公告模板如下, {} 代表可替换内容。

公告样例模板：

公告

校内各单位：

经过校内职称评审委员会评审通过，同意下列 |2| 位同志高级专业技术职务任职资格，任职资格时间自 |2019 年 12 月 31 日| 起算。

教授：

| 商学院 | | 张三 |
| 工学院 | | 李四 |

特此通知。

珈蓝大学

|2019 年 12 月 31 日|

第三节　管理学中的字符串格式化及应用

知识目标

1. 使用符号"%"进行格式化
2. 使用 format（　）方法进行格式化

案例讲解

1. 实现标准化打印采购清单功能
2. 实现采购需求与实际购买对比标准化输出功能
3. 实现超市收银系统标准化打印功能

计算机英语

Procurement system 采购系统

Cashier system 收银系统

Supermarket 超市

Customer 顾客

Commodity 日用品

讲一讲

1. 在实际编程开发过程中，会经常需要输出类似于"你好，×××，你这个月的工资是×××元。"的字符串，其中"×××"的内容是根据变量变化的，因此，一种简便的格式化字符串方式被引入。

2. 在 Python 中可使用符号"％"进行格式化，基本形式为：

"％［标志］［0］［输出最小宽度］［. 精度］格式字符"％变量

其中，方括号［］中的项为可选项，包括：

（1）标志：此字符为"＋"或"－"，指定输出数据的对齐方式："＋"时，输出右对齐，默认值；"－"时，输出左对齐；

（2）输出最小宽度：用十进制整数 m 表示输出的最小位数。若实际位数大于定义宽度，则按实际位数输出；若实际位数小于定义宽度，则对所缺部分补空格或 0；

（3）精度：以"."开头，后跟十进制整数 n；如果输出数字，则表示小数的位数；如果输出字符，则表示输出字符的个数；若实际位数大于所定义的精度数，则截去超过的部分。

格式字符：用于表示输出数据的类型，如表 3－9 所示。

表 3－9　格式字符

格式字符	功能说明	格式字符	功能说明
％s	字符串［采用 str（ ）显示］	％o	八进制整数
％r	字符串［采用 repr（ ）显示］	％x	十六进制整数
％c	单个字符	％f,％F	浮点数
％％	字符％	％e,％E	指数（基底为 e 或 E）
％d,％i	十进制整数	％g,％G	以％f 或％e 中较短的输出宽度输出浮点数

3. Python 中也可以使用 format（ ）方法进行格式化，基本形式为：

模板字符串. format（逗号分隔的参数）

其中，模板字符串是由一系列槽（用 ｛｝ 表示）组成，用来控制字符串中嵌入值所出现的位置。思想是将 format（ ）方法中逗号分隔的参数按照所对应的序号替换到模板字符串槽中（序号从 0 开始编号）；槽除了参数序号外，还包括格式控制信息，此时槽的内部样式为：｛参数序号：格式控制标记｝，其中格式控制标记用于控制参数显示时的格式，如表 3－10 所示。

表 3 – 10　格式控制标记

填充	对齐	宽度	,	. 精度	格式字符
用于填充的单个字符	<左对齐 >右对齐 ^居中对齐	输出宽度	数字千位分隔符	浮点数小数部分精度或字符串最大输出长度	整数类型：d，o，x，b，c 浮点数据类型：e，E，f，%

创设情境

自 20 世纪 90 年代以来，经济全球化的趋势日益增加，信息技术的发展极为迅速，市场环境发生了根本性的变化。中国中小企业数量众多，改善管理、提高中小企业的经济效益对于中国国民经济的发展具有重要意义。采购管理系统体现了当今先进企业管理思想，对提高企业管理水平有着重要意义。系统能够保证计划的准确性和采购的合理性，提升企业的竞争力。该系统是通过采购申请、采购订货、进料检验、仓库收料、采购退货、购货发票处理、供应商管理、价格及供货信息管理、订单管理，以及质量检验管理等功能综合运用的管理系统，对采购物流和资金流的全部过程进行有效的双向控制和跟踪，实现完善的企业物资供应信息管理。

学习任务

请在课前理解和学习二维码中提供的资料。

码到成功

一、实现标准化打印采购清单功能

为方便管理采购材料和采购信息，企业采购管理系统需实现根据需要输入采购物品和数量，然后标准化打印采购清单的业务需求，输入和输出模板如下。

输入模板：

请输入公司名称:棒哥物资采购公司
请输入甲材料数量:500
请输入乙材料数量:200
请输入丙材料数量:350

输出模板：

棒哥物资采购公司采购管理系统

材料　　数量　　单价　　金额
甲材料　500　　15.0　　7500

乙材料　200　　20.0　　4000

丙材料　350　　23.0　　8050
总价格：19550.00

请使用符号%格式化表达方式实现该业务需求。

参考代码如下：

```
Material_A_price = 15.0
Material_B_price = 20.0
Material_C_price = 23.0
Company_name = input('请输入公司名称:')
Material_A_number = int(input('请输入甲材料数量:'))
Material_B_number = int(input('请输入乙材料数量:'))
Material_C_number = int(input('请输入丙材料数量:'))
print('% 10s 采购管理系统'% Company_name)
print('-'* 28)
print('材料　数量　单价　金额')
print('甲材料% 5d% 10.2f% 10.2f'% \
(Material_A_number,Material_A_price,\
    Material_A_number * Material_A_price))
print('乙材料% 5d% 10.2f% 10.2f'% (Material_B_number,\
Material_B_price,\
    Material_B_number * Material_B_price))
print('丙材料% 5d% 10.2f% 10.2f'% (Material_C_number,\
Material_C_price,\
    Material_C_number * Material_C_price))
print('总价格:% s'% (Material_A_number * Material_A_price + \
    Material_B_number * Material_B_price + \
    Material_C_number * Material_C_price))
```

运行结果如图 3 - 11 所示。

```
请输入公司名称：棒哥物资采购公司
请输入甲材料数量：500
请输入乙材料数量：200
请输入丙材料数量：350
```

棒哥物资采购公司采购管理系统

材料	数量	单价	金额
甲材料	500	15.00	7500.00
乙材料	200	20.00	4000.00
丙材料	350	23.00	8050.00

总价格：19550.0

图 3-11　使用%标准化打印采购清单功能案例运行结果

二、实现采购需求与实际购买对比标准化输出功能

企业采购业务结束后，需将购买发票相关信息录入采购管理系统中，以效验需求采购量与实际采购量是否相同，输入和输出模板如下。

输入模板：

```
请输入甲材料实际购买数量:500
请输入乙材料实际购买数量:200
请输入丙材料实际购买数量:350
```

输出模板：

A 公司采购管理系统

材料	需求数量	实际购买	差别数量
材料甲	500	500	0
材料乙	200	200	0
材料丙	350	350	0

请使用 format（　）函数实现该业务需求。

参考代码如下：

```python
Material_A_need =500
Material_B_need =200
Material_C_need =350
Company_name = input('请输入公司名称:')
Material_A_number = int(input('请输入甲材料实际购买数量:'))
Material_B_number = int(input('请输入乙材料实际购买数量:'))
Material_C_number = int(input('请输入丙材料实际购买数量:'))
```

```
print('% 10 s 采购管理系统'% Company_name)
print(' - ' * 35)
print('材料　需求数量　实际购买　差别数量')
print('甲材料 \
{:5d}{:12d}{:9d}'.format(Material_A_need,Material_A_number,\
      abs(Material_A_need - Material_A_number)))
print('乙材料 \
{:5d}{:12d}{:9d}'.format(Material_B_need,Material_B_number,\
      abs(Material_B_need - Material_B_number)))
print('丙材料 \
{:5d}{:12d}{:9d}'.format(Material_C_need,Material_C_number,\
      abs(Material_C_need - Material_C_number)))
```

运行结果如图 3 – 12 所示。

请输入公司名称：A 公司采购管理系统

请输入甲材料实际购买数量：500

请输入乙材料实际购买数量：200

请输入丙材料实际购买数量：350

　A 公司采购管理系统

材料	需要数量	实际购买	差别数量
甲材料	500	500	0
乙材料	200	200	0
丙材料	350	350	0

总价格：19550.0

图 3 – 12　使用 format（　）标准化输出功能实现采购需求与实际购买对比案例运行结果

三、实现超市收银系统标准化打印功能

棒哥超市为方便结账，需设计一套超市收银系统。业务需求要求打印货物的名称和单价，货物总金额，所有商品总金额和折扣（保留两位小数）、小票出具时间，是否为会员顾客信息，若为会员顾客，总价格折扣 85%，其输入和输出模板如下。

输入模板：

请输入顾客名称:顾客 A

是否为会员顾客:True

请输入商品 A 的数量:2

请输入商品 B 的数量:3

请输入商品 C 的数量:1
请输入商品 D 的数量:5
请输入商品 E 的数量:3

输出模板:

```
          棒哥超市收银系统
顾客:顾客 A
会员:是
收银时间:Sat Fab 26 14:16:00 2020
─────────────────────────────
名称      数量      单价      金额
─────────────────────────────
商品 A     2        12.00      24.00
商品 B     3        20.00      60.00
商品 C     1        8.32       8.32
商品 D     5        4.50       22.50
商品 E     3        36.00      108.00
共计消费:222.82 元
会员折扣:33.42 元
实际需支付:189.4 元
```

1. 请使用符号% 格式化表达方式实现该业务需求。

参考代码如下:

```python
from datetime import datetime
commodity_A = 12.00
commodity_B = 20.00
commodity_C = 8.32
commodity_D = 4.50
commodity_E = 36.00
Supermarket_name = '棒哥超市'
now_time = datetime.ctime(datetime.now())
customer_name = input('请输入顾客名称:')
is_vip = eval(input('是否为会员顾客:'))
commodity_A_number = int(input('请输入商品 A 的数量:'))
commodity_B_number = int(input('请输入商品 B 的数量:'))
commodity_C_number = int(input('请输入商品 C 的数量:'))
commodity_D_number = int(input('请输入商品 D 的数量:'))
```

```
commodity_E_number = int(input('请输入商品 E 的数量:'))
print('%15s 收银系统'% Supermarket_name)
print('顾客:%s'% customer_name)
print('会员:%s'% '是'if is_vip else'否')
print('收银时间:%s'% now_time)
print('-'*30)
print('名称　　数量　　单价　　金额')
print('-'*30)
print('商品 A%5d%10.2f%10.2f'%(commodity_A_number,commodity_A,\
    commodity_A * commodity_A_number))
print('商品 B%5d%10.2f%10.2f'%(commodity_B_number,commodity_B,\
    commodity_A * commodity_B_number))
print('商品 C%5d%10.2f%10.2f'%(commodity_C_number,commodity_C,\
    commodity_A * commodity_C_number))
print('商品 D%5d%10.2f%10.2f'%(commodity_D_number,commodity_D,\
    commodity_A * commodity_D_number))
print('商品 E%5d%10.2f%10.2f'%(commodity_E_number,commodity_E,\
    commodity_A * commodity_E_number))
price_in_total = commodity_A * commodity_A_number + \
commodity_B * commodity_B_number + \
commodity_C * commodity_C_number + commodity
_D * commodity_D_number + \
                commodity_E * commodity_E_number
print('共计消费:%.2f'% price_in_total)
vip_discount = (price_in_total * 0.15)if is_vip else 0.00
print('会员折扣:%.2f'% vip_discount)
print('实际需支付:%.2f'%(price_in_total - vip_discount))
```

运行结果如图 3 - 13 所示。

请输入顾客名称：顾客 A

是否为会员顾客：Ture

请输入商品 A 的数量：2

请输入商品 B 的数量：3

请输入商品 C 的数量：1

请输入商品 D 的数量：5

请输入商品 E 的数量：3

棒哥超市收银系统

顾客：顾客 A

会员：是

收银时间：Sat Fab 26 14：16：20 2020

名称	数量	单位	金额
商品 A	2	12.00	24.00
商品 B	3	20.00	60.00
商品 C	1	8.32	8.32
商品 D	5	4.50	22.50
商品 E	3	36.00	108.00

共计消费：222.82

会员折扣：33.42

实际需支付：189.40

图 3 – 13 符号％格式化表达运行结果

2. 请使用 format（ ）函数实现该业务需求。

参考代码如下：

```
from datetime import datetime
commodity_A =12.00
commodity_B =20.00
commodity_C =8.32
commodity_D =4.50
commodity_E =36.00
Supermarket_name ='棒哥超市'
now_time =datetime.ctime(datetime.now())
customer_name =input('请输入顾客名称：')
is_vip =eval(input('是否为会员顾客：'))
commodity_A_number =int(input('请输入商品 A 的数量：'))
commodity_B_number =int(input('请输入商品 B 的数量：'))
commodity_C_number =int(input('请输入商品 C 的数量：'))
commodity_D_number =int(input('请输入商品 D 的数量：'))
commodity_E_number =int(input('请输入商品 E 的数量：'))
```

```python
price_in_total = commodity_A * commodity_A_number + \
commodity_B * commodity_B_number + \
commodity_C * commodity_C_number + commodity_D * \
commodity_D_number + \
                commodity_E * commodity_E_number
vip_discount = (price_in_total * 0.15) if is_vip else 0.00
print('''
{:>15}收银系统
顾客:{}
会员:{}
收银时间:{}
{}
名称      数量      单价      金额
{}
{}{:^10}{:^10.2f}{:^10.2f}
{}{:^10}{:^10.2f}{:^10.2f}
{}{:^10}{:^10.2f}{:^10.2f}
{}{:^10}{:^10.2f}{:^10.2f}
{}{:^10}{:^10.2f}{:^10.2f}
共计消费:{:.2f}
会员折扣:{:.2f}
实际需支付:{:.2f}
'''.format(Supermarket_name,customer_name, \
('是'if is_vip else'否'),now_time, \
    '-'*30,'-'*30,'商品A',commodity_A_number, \
    commodity_A,commodity_A * commodity_A_number, \
        '商品
B',commodity_B_number,commodity_B,commodity_B * \
commodity_B_number, \
        '商品
C',commodity_C_number,commodity_C,commodity_C * \
commodity_C_number, \
        '商品
```

```
D',commodity_D_number,commodity_D,commodity_D * \
commodity_D_number,\
      '商品
E',commodity_E_number,commodity_E,commodity_E * \
commodity_E_number,\
      price_in_total,vip_discount,price_in_total - \
      vip_discount))
```

运行结果如图 3 – 14 所示。

请输入顾客名称：顾客 A

是否为会员顾客：Ture

请输入商品 A 的数量：2

请输入商品 B 的数量：3

请输入商品 C 的数量：1

请输入商品 D 的数量：5

请输入商品 E 的数量：3

棒哥超市收银系统

顾客：顾客 A

会员：是

收银时间：Sat Fab 26 14：16：00 2020

名称	数量	单位	金额
商品 A	2	12.00	24.00
商品 B	3	20.00	60.00
商品 C	1	8.32	8.32
商品 D	5	4.50	22.50
商品 E	3	36.00	108.00

共计消费：222.82

会员折扣：33.42

实际需支付：189.40

图 3 – 14　format（　　）格式化表达案例运行结果

拓展练习

将用户消费的每一条记录数据以"对象"形式进行保存，如图 3 – 15 所示，请根据当前对象，将数据格式化打印出来，如图 3 – 16 所示。

存储对象：

```
data = {
    'time': 'Thu Feb 27 09:47:41 2020',
    'user': '顾客A',
    'is_vip': '是',
    'price_in_total': 222.82,
    'vip_discount': 33.42,
    'actual_payment': 189.40
}
```

图 3 – 15　数据对象示例

运行结果：

时间：Thu Feb 27 09:47:41 2020,用户：顾客A,会员：是,共计消费：222.82,会员折扣：33.42,实际需支付：189.40

图 3 – 16　运行结果示例

应用与实践——

金融学中的程序控制结构

课题内容：金融案例中的程序基本结构

金融案例中的分支结构

金融案例中的循环结构

课题时间：8 课时

教学目的：通过本章的学习，使学生了解程序的基本结构，并掌握流程图的绘制方法，熟练运用 if、for 和 while 语句完成分支、循环、嵌套等程序结构设计，了解程序异常处理及跳转语句的使用方法

教学方式：以学生自主探究、合作探究及课堂活动分享为主，以教师讲述为辅，结合游戏的方式进行教学

教学要求：1. 使学生了解程序的基本结构并绘制流程图

2. 使学生掌握程序分支结构，并能运用 if 语句实现

3. 使学生掌握程序循环结构，并能运用 for 和 while 语句实现

4. 使学生了解程序的异常处理及用法

第四章　金融学中的程序控制结构

第一节　金融案例中的程序基本结构

知识目标

1. 程序流程图绘制
2. 程序顺序结构
3. 程序分支结构
4. 程序循环结构

案例讲解

1. 实现银行电子钱包金额管理功能
2. 实现银行理财产品收益计算
3. 实现银行理财收益天数计算
4. 实现银行基金收益计算

计算机英语

Electronic wallet 电子钱包
Financing 理财
Earnings 收益
Interest rate 利率

讲一讲

　　程序流程图用一系列图形、流程线和文字说明描述程序的基本操作和控制流程，是程序分析和过程描述的最基本方式，其基本元素包括7种，如表4-1所示。

表 4-1 程序流程图的 7 种元素

元素	名称	描述
	起止框	一个程序的开始和结束
	判断框	判断一个条件是否成立，并根据判断结果选择不同的执行路径
	处理框	一组处理过程
	输入/输出框	数据的输入或结果输出
	注释框	增加程序的解释
	流向线	以带箭头直线或曲线形式指示程序的执行路径
	连接点	将多个流程图连接到一起，常用于将一个较大流程图分隔为若干部分

1. 程序顺序结构是程序按照线性顺序依次执行的一种运行方式，如图 4-1 所示，其中语句块 1 和语句块 2 表示一个或一组顺序执行的语句。

2. 程序分支结构是程序根据条件判断结果而选择不同向前执行路径的一种运行方式，如图 4-2 所示，根据分支路径上的完备性，分支结构包括单分支结构、二分支结构和多分支结构。

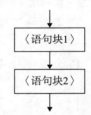

图 4-1 顺序结构的流程图表示

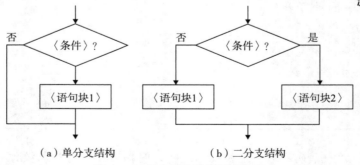

（a）单分支结构　　　　（b）二分支结构

图 4-2 分支结构的流程图表示

3. 程序循环结构是程序根据条件判断结果向后反复执行的一种运行方式，如图 4-3 所示，根据循环体触发条件不同，循环结构包括条件循环和遍历循环。

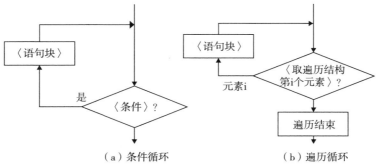

（a）条件循环　　　　　　　（b）遍历循环

图4-3　循环结构的流程图表示

创设情境

　　随着我国经济的迅速发展，综合国力的不断增加，居民理财意识、理财意愿日益增长，我国进入全民理财的时代，与此同时，我国理财市场发生了很大变化，资产质量和数量有了很大的变化，市场有待进一步完善，创新发展动力逐步增强。商业银行理财系统是银行为了便于管理，引导投资者树立健康、正确的投资理念，进一步推动银行理财市场的长远发展而开发的系统，包括对业务的办理和管理。该系统有合理管理理财产品模块、用户信息管理模块、管理用户交易和统计分析模块、理财合理方案和理财规划模块等。

学习任务

　　请在课前理解和学习二维码中提供的资料。

码到成功

一、银行电子钱包金额管理功能

　　在银行业务系统中，对电子钱包金额管理是该系统的基本功能，现需完成客户是否进行"存钱"这一行为的判定，参考流程图如图4-4所示。

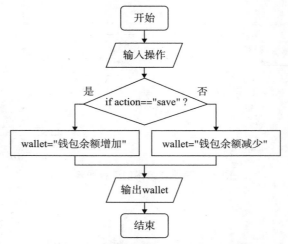

图 4 - 4   银行电子钱包金额管理功能流程图

二、银行理财产品收益计算

棒哥金融公司推出一种理财产品。该产品初期上线测试，日利率为 0.017%，每晚 6 点进行结算，第二天会将第一天的利息代入计算，依此类推。若客户存入 50000 元，从存入开始获得收益，且不考虑其他手续费用，请计算 100 天后客户的收益，参考流程图如图 4 - 5 所示。

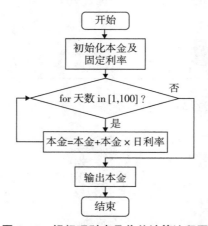

图 4 - 5   银行理财产品收益计算流程图

三、银行理财收益天数计算

客户在尝试了该理财产品一段时间后，决定加大资金投入量，再投入 10000 元。客户期望通过 60000 元本金得到 1500 元以上的利息，若从存入开始计算收益，且不考虑其他手续费用，请计算收益超过 1500 元需要理财的天数，参考流程图如图 4 - 6 所示。

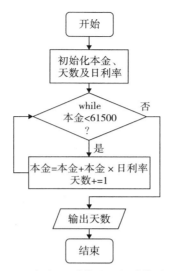

图 4－6 银行理财收益天数计算流程图

四、银行基金收益计算

棒哥金融公司推出一款基金产品。该产品由专业基金管理人进行投资，收益相比于传统的理财产品有所提高，相应地会带来一定的风险，会损失本金，每日收益浮动。若客户投入该基金 50000 元，从投入开始获得收益，且不考虑其他手续费用，请计算 100 天后客户的收益，参考流程图如图 4－7 所示。

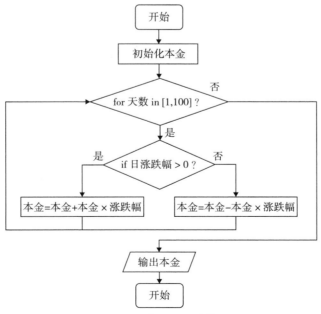

图 4－7 银行基金收益计算流程图

拓展练习

第三方支付平台推出一种理财产品。将存款存入理财产品，从第四天开始，每天可获得收益，并且将收益计入本金作为下一天的本金。其计算公式为：收益 = （产品内实际资金 × 每万份收益） ÷10000。在某年 3 月，13 日前（含 13 日）该产品每万份收益一直稳定在 0.6433，13 日后每万份收益降至 0.6325 后再次稳定。请计算客户在 3 月 2 日向该产品存入 25000 元，到 3 月 28 日，本金和收益的金额。

第二节　金融案例中的分支结构

知识目标

1. 单分支结构
2. 二分支结构
3. 多分支结构
4. 嵌套的 if 语句
5. 程序异常处理

案例讲解

1. 实现人民币存款利率计算
2. 实现对存款时间进行最佳组合以达利息最大化
3. 实现 ATM 简单账号登录功能
4. 实现 ATM 基本菜单功能

计算机英语

If 如果

Years 年限

Profit 利润

Principal sum 本金

Else 其他

Account 账户

Deposit account 存款账户

Withdrawal account 提款账户

Transfer account 转款账户

讲一讲

单分支结构：if语句；该语句允许程序通过判断条件是否成立来选择是否执行指定语句；语法格式如下：

if ＜条件＞：

　　＜语句块＞

语句块是if条件满足后执行的一个或多个语句序列，当有多条语句时，通过缩进表达与if条件的包含关系。if语句执行过程为：如果判断条件为真，执行语句块，否则直接执行if语句后面的语句，语句块中的语句则被跳过。

1. 二分支结构：if - else语句；该语句通过条件判断的真假与否选择执行路径，在条件为真时执行if中包含的语句，在条件为假时执行else中的语句；语法格式如下：

if ＜条件＞：

　　＜语句块1＞

else：

　　＜语句块2＞

语句块1是在if条件满足后执行的一个或多个语句序列，语句块2是if条件不满足后执行的语句序列；二分支语句用于区分条件的两种可能，即Ture或False，分别形成执行路径。

2. 多分支结构：if - elif - else语句；该语句常用于编程时需要进行一系列判定的条件，一旦其中某一个条件为真就立刻停止分支结构执行；语法格式如下：

if ＜条件1＞：

　　＜语句块1＞

elif ＜条件2＞：

　　＜语句块2＞

……

elif ＜条件n＞：

　　＜语句块n＞

else：

　　＜语句块n+1＞

多分支结构是二分支结构的扩展，执行过程是：依次判断条件，当满足某个条件时，执行其对应的语句块，然后跳转到整个分支结构之外继续执行程序；如果所有条件都不满足，则执行else所对应的语句块，然后继续执行后续程序。

对于Python而言，代码缩进是一种语法，Python没有像其他语言一样采用"{ }"或"begin……end"分隔代码块，而是采用代码缩进和冒号来区分代码之间的层次。缩进的空白数量是可变的，但是所有同一层次的代码必须包含相同空白数量的缩进。

3. 在if语句中包含一个或多个if语句时，称为if语句的嵌套；语法格式如下：

```
if    <条件1>：
        if    <条件2>：
            <语句块1>
        else：                  内嵌 if
            <语句块2>
else：
        if    <条件3>：
            <语句块3>
        else：                  内嵌 if
            <语句块4>
```

内嵌 if 可以是简单的 if 语句，也可以是 if – else 语句，还可以是 if – elif – else 语句；需注意 if 嵌套语句的逐层缩进，且保持同级缩进相同。

4. 异常处理：try – except 语句；语法格式如下：

```
try：
    <语句块1>
except    <异常类型>：
    <语句块2>
```

语句块 1 为正常执行的程序内容，当发生异常时，则执行 except 语句块 2。

创设情境

　　银行是依法成立的经营货币信贷业务的金融机构，是商品货币经济发展到一定阶段的产物。银行按类型分为中央银行、政策性银行、商业银行等，它们的职责各不相同。银行的储蓄存款利率是由国家统一规定，中国人民银行挂牌公告。利率也称为利息率，是在一定日期内利息与本金的比率，一般分为年利率、月利率、日利率三种。年利率以百分比表示，月利率以千分比表示，日利率以万分比表示。如年息九厘写为 9%，即每千元存款定期一年利息 90 元，月息六厘写为 6‰，即每千元存款一个月利息 6 元，日息一厘五毫写为 0.15‰，即每千元存款每日利息 1 角 5 分，我国储蓄存款用月利率挂牌。ATM（自动柜员机）是指银行在不同地点设置一种小型机器，利用一张信用卡大小的胶卡上的磁带记录客户的基本户口资料（通常就是银行卡），让客户可以通过机器进行提款、存款、转账等银行柜台服务。

学习任务

请在课前理解和学习二维码中提供的资料。

码到成功

一、人民币存款利率计算

2019 年某月各大银行在央行基准利率上公布了银行各自的定期存款利率，存款利率信息如表 4-2 所示。

表 4-2　2019 年国内部分银行定期存款利率表

银行/基准利率	活期（年利率%）	定期存款（年利率%）					
		三个月	半年	一年	二年	三年	五年
基准银行（央行）	0.35	1.1	1.3	1.5	2.1	2.75	—
A 银行	0.3	1.35	1.55	1.75	2.25	2.75	2.75
B 银行	0.3	1.4	1.65	1.95	2.4	2.8	2.8
C 银行	0.3	1.35	1.55	1.75	2.25	2.75	2.75
D 银行	0.3	1.35	1.55	1.75	2.25	2.75	2.75
E 银行	0.3	1.35	1.55	1.75	2.25	2.75	2.75

客户现有一笔闲钱 20000 元，若在 B 银行存 5 年请计算其存款利息。

参考代码如下：

```
Principal_sum = 20000
years = 5
profit = 0
#多分支结构
if(years < 0.25):
    profit = years * 0.003 * Principal_sum
elif(years = = 0.25):
    profit = years * 0.014 * Principal_sum
elif(years = = 0.5):
    profit = years * 0.0165 * Principal_sum
```

```
elif(years = =1):
    profit =years * 0.0195 * Principal_sum
elif(years = =2):
    profit =years * 0.024 * Principal_sum
elif(years = =3 or years = =5):
    profit =years * 0.028 * Principal_sum
else:
    print("没有该存款年限产品,无法存款")
print("存款金额为:",Principal_sum)
print("利润为:{:.2f}".format(profit))
```

运行结果如图 4 - 8 所示。

存款金额为:20000

利润为:2800.00

图 4 - 8　人民币存款利率计算案例运行结果

二、对存款时间进行最佳组合以达收益最大化

客户有一笔闲钱 X 元,若在 B 银行存 Y 年,请设计其存款时间组合策略以实现收益最大化。

参考代码如下:

```
Principal_sum = float(input("请输入银行存款金额:"))
years = float(input("请输入年限:"))
#银行 B
bank_B = {
        0:0.003,
        0.25:0.014,
        0.5:0.0165,
        1:0.0195,
        2:0.024,
        3:0.028,
        5:0.028
}
profit =0
plan = ""
#多分支结构/嵌套结构
```

```python
#是否能存 5 年存款(第 1 周期)
if years -5 > =0:
        profit + =5 * bank_B[5] * Principal_sum
        years - =5
        plan + ='5 年'
        #存了 5 年后,能否再存 5 年
        if years -5 > =0:
        profit + =5 * bank_B[5] * Principal_sum
        years - =5
        plan + ='5 年'
    #存了 10 年后,能否再存 5 年
    if years -5 > =0:
        profit + =5 * bank_B[5] * Principal_sum
        years - =5
        plan + ='5 年'
#如果不能存 5 年,是否能存 3 年
if years -3 > =0:
    profit + =3 * bank_B[3] * Principal_sum
      years - =3
    plan + ='3 年'
    #存了 3 年后,能否再存 3 年
if years -3 > =0:
        profit + =3 * bank_B[3] * Principal_sum
        years - =3
        plan + ='3 年'
#存了 6 年后,能否再存 3 年
    if years -3 > =0:
        profit + =3 * bank_B[3] * Principal_sum
        years - =3
        plan + ='3 年'
#如果不能存 3 年,是否能存 2 年
if years -2 > =0:
    profit + =2 * bank_B[2] * Principal_sum
    years - =2
    plan + ='2 年'
```

```python
    #存了2年后,能否再存2年
    if years -2 > =0:
        profit + =2 * bank_B[2] * Principal_sum
        years - =2
        plan + ='2 年'
    #存了4年后,能否再存2年
    if years -2 > =0:
profit + =2 * bank_B[2] * Principal_sum
        years - =2
        plan + ='2 年'
#如果不能存2年,是否能存1年
if years -1 > =0:
profit + =1 * bank_B[1] * Principal_sum
    years - =1
    plan + ='1 年'
#如果不能存1年,是否能存半年
if years -0.5 > =0:
    profit + =0.5 * bank_B[0.5] * Principal_sum
    years - =0.5
    plan + ='半年'
#如果不能存半年,是否能存3个月
if years -0.25 > =0:
    profit + =0.25 * bank_B[0.25] * Principal_sum
    years - =0.25
    plan + ='3 个月'
#如果不能存3个月,存活期
if 0.25 >years >0:
    profit + =years * bank_B[0] * Principal_sum
    years =0
    plan + ='活期'
if years! =0:
    print("没有该存款年限产品,无法存款")
else:
    print("存款计划:",plan)
    print("存款金额为:",Principal_sum)
    print("利润为:{:.2f}".format(profit))
```

运行结果如图 4 − 9 所示。

请输入银行存款金额：20000

请输入年限：24

存款计划：5 年 5 年 5 年 3 年 3 年 3 年

存款金额为：20000.0

利润为：13440.00

图 4 − 9　对存款时间进行最佳组合案例运行结果

三、ATM 简单账号登录功能

现银行需要设计一台 ATM 的账号登录功能，其下账号信息如表 4 − 3 所示，若不考虑账号在传输过程中的加密因素，应如何实现该业务代码。

表 4 − 3　银行账号信息表

账号	密码	余额
1000001	123456	￥45169.00
1000021	987654	￥133254.30
1000002	741852	￥9820.00
1000003	369258	￥3225041.22

参考代码如下：

```
account = {1000001:[123456,45169.00],1000021:[987654,133254.30],\
       1000002:[741852,9820.00],1000003:[369258,3225041.22]}
#异常处理/二分支结构
try:
    operated_account = int(input('请输入需要操作的账号:'))
    operated_password = int(input('请输入密码:'))
    if operated_password == account[operated_account][0]:
        print('登录成功!')
else:
        print('账号或密码错误!')
except KeyError:
    print('没有找到对应账号!')
except ValueError:
    print('账号和密码请输入数字!')
```

运行结果如图 4 − 10 所示。

请输入需要操作的账号：1000001

请输入密码：123456

登录成功！

图 4 – 10　ATM 简单账号登录功能案例运行结果

四、ATM 基本菜单功能

ATM 登录成功后（请使用表 4 – 3 中的账号信息），系统提供四个基本功能：①存款；②取款；③查询余额；④转账功能，请实现该业务功能。

参考代码如下：

```
print("*4 +'欢迎使用××银行 ATM 系统')
print('-'*30)
print('请输入对应数字以选择对应功能！')
print('-'*30)
print('''1.存款
2.取款
3.查询余额
4.转账''')
#异常处理/多分支结构/嵌套结构
try:
    func_num = int(input('请选择功能:'))
except ValueError:
    print('选择功能请输入数字！')
if func_num = =1:
    try:
        print('您选择了存款功能。')
        deposit_amount = int(input('请输入存款金额:'))
        account[operated_account][1] + = deposit_amount
        print('存款完成,当前存款金额为:'\
        + str(account[operated_account][1]))
except ValueError:
        print('存款金额请输入数字！')
elif func_num = =2:
    try:
        print('您选择了取款功能。')
        withdrawal_amount = int(input('请输入取款金额:'))
        if withdrawal_amount > account[operated_account][1]:
```

```
        print('余额不足!')
    else:
        print('取款完成,当前存款金额为:' + str(account[operated_ac-
count][1]))
    except ValueError:
        print('取款金额请输入数字!')
elif func_num = =3:
    print('当前账户余额为:' + str(account[operated_account][1]))
    elif func_num = =4:
    try:
        print('您选择了转账功能:')
        transfer_account = int(input('请输入需要转账的账户:'))
        print('您选择的账户为:' + str(account[transfer_account]))
    except ValueError:
    print('转账账户请输入数字!')
    except KeyError:
        print('没有找到该账户!')
    try:
transfer_amount = int(input('请输入转账金额:'))
    except ValueError:
        print('转账金额请输入数字!')
if transfer_amount > account[operated_account][1]:
        print('余额不足!')
else:
        account[operated_account][1] - = transfer_amount
        account[transfer_account][1] + = transfer_amount
    print('转账完成,当前账户余额:' + str(account \
    [operated_account][1]))
else:
print('功能数字输入错误!')
```

运行结果如图 4 – 11 所示。

请输入需要操作的账号：1000001

请输入密码：123456

登录成功！

欢迎使用××银行 ATM 系统

请输入对应数字以选择对应功能！

1. 存款

2. 取款

3. 查询余额

4. 转账

请选择功能：3

当前账户余额为：45169.0

图 4－11　ATM 基本菜单功能案例运行结果

拓展练习

现在，有很多不正规金融机构把目光投向在校学生，通过各种手段来诱导大学生办理贷款，俗称"校园贷"。很多大学生逐渐被引入歧途而不自知。校园贷严格来讲可以分为四类：（1）消费金融公司——如趣分期、任分期等，部分还提供较低额度的现金提现；（2）P2P 贷款平台（网贷平台）——用于大学生助学和创业，如名校贷等；（3）线下私贷——民间放贷机构和放贷人这类为主体，俗称高利贷；（4）银行机构——银行面向大学生提供的校园产品，如招商银行的"大学生闪电贷"、中国建设银行的"金蜜蜂校园快贷"、青岛银行的"学 e 贷"等。

校园贷的计算公式如下：

等额本息计算公式：［贷款本金×月利率×（1＋月利率）^{还款月数}］÷［（1＋月利率）^{还款月数}－1］

等额本金计算公式：每月还款金额＝（贷款本金÷还款月数）＋（本金－已归还本金累计额）×每月利率

其中，等额本息是指一种贷款的还款方式。等额本息是在还款期内，每月偿还同等数额的贷款（包括本金和利息）。

请根据上述公式计算，借款 24000 元，月利率 2%，借款一年，需还款多少钱？

第三节 金融案例中的循环结构

知识目标

1. for 循环语句
2. while 循环语句
3. 循环嵌套
4. break 和 continue 语句

案例讲解

1. 实现筛选投资金行公司信息功能
2. 实现计算黄金投资回报率超过 20% 的持有时长
3. 实现计算投资黄金 10 天后的客户收益
4. 实现对长期存款进行最佳时间组合策略

计算机英语

Investment 投资

Rate of return 回报率

Subscription date 认购日

Holding time 持有时长

Redemption date 赎回日

讲一讲

1. 在解决实际问题时，经常会遇到需要重复执行某些操作的情况，这时需利用循环结构的程序设计思路来解决问题；在确定次数循环时，循环次数采用遍历结构中的元素个数来体现，在 Python 中称为"遍历循环"，采用 for 语句实现；在不确定次数循环时，程序需要通过条件判断是否继续执行循环体，在 Python 中称为"无限循环"，采用 while 语句实现。

2. for 循环语句语法格式如下：

for ＜循环变量＞in＜遍历结构＞：

　　＜语句块＞

上述语句的功能是：如果遍历结构中包含表达式，则先进行表达式求值计算；然后遍历结构中的第一个元素赋给变量，执行语句块；接着遍历结构中的第二个元素赋给变量，执行语句块；依此类推，直到序列中最后一个元素赋给变量，执行语句块后 for 循环结束，执行 for 语句后的语句。

3. for 循环语句经常与 range（　　）函数一起使用，range（　　）函数可创建一个整数列表，其语法是：range（［start,］stop［, step］），其中 start 指计数从 start 开始，默认从 0 开始；stop 指计数到 stop 结束，但不包含 stop；step 指步长，默认为 1。

4. 若在应用中无法在执行之初确定遍历结构，则需要程序提供根据条件进行循环的语法；Python 使用 while 来实现此功能，语法格式如下：

while ＜判断条件＞：

　　　＜语句块＞

其中，判断条件与 if 语句中的判断条件一样，结果为 Ture 或 False；当判断条件为真时，执行循环体，然后再次判断条件，如果为真，继续执行循环体，如此反复，直到判断条件为假时循环结束，执行 while 语句后的下一条语句。

5. while 循环语句是"先判断，后执行"；若进入循环时条件就不满足，循环体一次也不执行；在程序运行过程中，一定要有语句来修改判断条件，使其为"False"，否则将出现"死循环"。

6. while 语句还有一种扩展模式，语法格式如下：

while ＜判断条件＞：

　　　＜语句块 1＞

else：

　　　＜语句块 2＞

此模式下若 while 循环正常执行后，程序会继续执行 else 语句中的内容；else 语句只在循环正常执行后才执行，因此可在语句块 2 中放置判断循环执行相关情况的语句。

7. 一个循环语句的循环体内包含另一个完整的循环结构，称为循环嵌套；嵌在循环体内的循环称为内循环，嵌有内循环的循环称为外循环；内嵌的循环中再嵌套循环，则称为多重循环；而两种循环语句 while 语句和 for 语句可以相互嵌套，自由组合；外层循环体中可以包含一个或多个内层循环结构，但需注意各循环必须完整包含，相互之间不允许有交叉现象。

8. 以上介绍的循环都是当循环条件为假时退出循环，然而在某些应用场景中，只要满足一定条件就应当提前结束正在执行的循环操作，因而 Python 提供 break 语句和 continue 语句来跳出循环。

9. break 用于跳出最内层 for 或 while 循环，脱离该循环后程序从循环代码继续执行；continue 用来结束当前当次循环，即跳过循环体中本次循环，但不跳出当前循环；两个语句的区别是：continue 语句只结束本次循环，但不终止本层循环的整个循环的执行，break 语句则是结束本层循环中的整个循环过程，不再判断执行循环的条件是否成立。

创设情境

黄金长久以来一直是一种投资工具。它价值高，并且是一种独立资源，不受限于任何国家或贸易市场。因此，投资黄金通常可以帮助投资者避免经济环境中可能会发生的问题。而且，黄金投资是世界上税务负担最轻的投资项目。黄金投资可以投资于金条、金币，甚至金饰品，投资市场中存在着众多不同种类的黄金账户，比如"纸黄金"就是其中一种类型。"纸黄金"交易没有实金介入，是一种由银行提供的服务，以贵金属为单位的户口，投资者无须透过实物买卖及交收而采用记账方式来投资黄金，由于不涉及实金的交收，交易成本可以更低；值得留意的是，虽然它可以等同持有黄金，但是户口内的"黄金"不可以换回实物，而且"存款"没有利息。"纸黄金"是采用100%资金、单向式的交易品种，是直接投资于黄金的工具中，较为稳健的一种。

学习任务

请在课前理解和学习二维码中提供的资料。

码到成功

一、筛选投资金行公司信息功能

近几年黄金价格持续上涨，购买黄金成为一种不错的投资方式。某客户近期准备投资黄金，需了解市场上有哪些投资金行，请实现打印投资金行公司名称及黄金价格，并筛选出最便宜的黄金进行购买。

参考代码如下：

```
#创建列表及字典("列表"及"字典"将在第五章内容中做详细介绍)
List =[{'shop':'A金行','price':360},
       {'shop':'B金行','price':356},
       {'shop':'C金行','price':354},
       {'shop':'D金行','price':358}]
name = ''price =0
```

```
#for 循环结构/嵌套结构
for item in List：
if price = =0：
        name = item['shop']
        price = item['price']
    else：
        if item['price'] <price：
          name = item['shop']
          price = item['price']
print("本日最低金行:",name)
print("本日最低金价:",price)
```

运行结果如图 4 – 12 所示。

本日最低金行： C金行
本日最低金价： 354

图 4 – 12 筛选投资金行公司信息功能案例运行结果

二、计算黄金投资回报率超过20%的持有时长

客户经过一段时间的黄金投资研究，准备在某一较低价格时购入，随后每天观察黄金价格，直到回报率超过 20% 后售出，在不计算其他相关手续费的情况下，客户在 320元/克时购入黄金 50 克，其价格在理想状态下每天每克上涨 0.5 元，请计算客户所购入黄金回报率超过 20% 需要多长时间。

参考代码如下：

```
Purchase_price =320
Selling_price = Purchase_price * 1.2
Holding_days =1
#while 循环结构
while Purchase_price <Selling_price：
    Purchase_price + =0.5
    Holding_days + =1
print('客户在||天后可以售出'.format(Holding_days))
```

运行结果如图 4 – 13 所示。

客户在129天后可以售出

图 4 – 13 黄金投资回报率案例运行结果

三、计算投资黄金 10 天后的客户收益

若客户按照案例二中计划执行，但在第 10 天突然需要用钱，需从投资中取出，请计算客户所获得的收益。

参考代码如下：

```
Purchase_price = 320
Selling_price = Purchase_price * 1.2
Holding_days = 1
#while 循环结构
while Purchase_price < Selling_price:
    if Holding_days = =10:#嵌套结构
        break#跳转语句
    Purchase_price + =0.5
    Holding_days + =1
print('客户可获得收益为{}'.format((Purchase_price -320) * 50))
```

运行结果如图 4 - 14 所示。

客户可获得收益为225.0

图 4 - 14　投资黄金 10 天后的客户收益案例运行结果

四、对长期存款进行最佳时间组合策略

本案例为第四章第二节案例二的改写案例，将综合运用程序的各类控制结构。

客户有一笔闲钱 X 元，若在 B 银行存 Y 年，请设计其存款时间组合策略以实现其收益最大化。

参考代码如下：

```
Principal_sum = float(input("请输入银行存款金额:"))
years = float(input("请输入年限:"))
#银行 B
bank_B = {
    0:0.003,
    0.25:0.014,
    0.5:0.0165,
    1:0.0195,
    2:0.024,
    3:0.028,
```

```
    5:0.028
}
profit = 0
plan = ""
#while 循环结构
#存款是否能存 5 年
while years >5:
    profit + =5 * bank_B[5] * Principal_sum
    years − =5
        plan + ='5 年'
#存款是否能存 3 年
while years >3:
        profit + =3 * bank_B[3] * Principal_sum
    years − =3
    plan + ='3 年'
#存款是否能存 2 年
while years >2:
    profit + =2 * bank_B[2] * Principal_sum
    years − =2
    plan + ='2 年'
#存款是否能存 1 年
while years >1:
    profit + =1 * bank_B[1] * Principal_sum
    years − =1
    plan + ='1 年'
#存款是否能存半年
while years >0.5:
    profit + =0.5 * bank_B[0.5] * Principal_sum
    years − =0.5
    plan + ='半年'
#存款是否能存 3 个月
while years >0.25:
    profit + =0.25 * bank_B[0.25] * Principal_sum
    years − =0.25
    plan + ='3 个月'
```

```
if years > 0:
    profit + = years * bank_B[0] * Principal_sum
years = 0
  plan + = '活期'
print("存款计划:",plan)
print("存款金额为:",Principal_sum)
print("利润为:{:.2f}".format(profit))
```

运行结果如图 4 – 15 所示。

请输入银行存款金额：20000
请输入年限：43
存款计划：5 年 3 年 2 年 1 年 半年 3 个月 活期
存款金额为：20000.0
利润为：23610.00

图 4 – 15　长期存款最佳时间组合案例运行结果

拓展练习

请设计一款根据提示进行的猜数游戏，游戏开始会随机初始化一个从 0 到 100 之间的目标数字，让玩家猜，猜测过程中提示与目标数字相比或大或小，直至猜出数字，并显示猜数字次数。

运行结果如图 4 – 16 所示。

请输入猜测的数：30
遗憾，太大了
请重新输入猜测的数：18
遗憾，太小了
请重新输入猜测的数：23
遗憾，太大了
请重新输入猜测的数：21
预测 4 次，你猜中了

图 4 – 16　猜数游戏运行效果图

应用与实践——

经济学中的组合数据类型

课题内容：经济学案例中的列表操作及应用

经济学案例中的字典操作及应用

经济学案例中的元组和集合操作及应用

课题时间：6 课时

教学目的：通过本章的学习，使学生理解列表和字典的概念，并掌握 Python 中列表和字典的使用方法，掌握元组和集合的使用方法，并能综合运用组合数据类型解决经济学中的实际案例

教学方式：以学生自主探究、合作探究及课堂活动分享为主，以教师讲述为辅，结合游戏的方式进行教学

教学要求：1. 使学生理解列表的概念、掌握列表的常见操作

2. 使学生掌握元组的使用方法，理解列表与元组的区别

3. 使学生掌握字典的创建方法及基本操作方法

4. 使学生掌握字典的遍历方法及嵌套使用的方法

5. 使学生掌握集合的概念、创建及基本操作方法

第五章　经济学中的组合数据类型

第一节　经济学案例中的列表操作及应用

知识目标

1. 组合数据类型的基本内容
2. 列表的概念
3. 列表的遍历
4. 列表的基本操作

案例讲解

1. 实现全面建设小康社会的统计监测功能
2. 实现大学生 1 月生活费水平频数分析
3. 实现大学生 1 月生活费水平基本统计值计算
4. 实现百货公司 20 天销售额统计分析

计算机英语

Append 增补

Extend 扩展

Statistics 统计

Sort 排序

Norm 指标

Target 目标

Enumerate 列举、枚举

Expense 费用

Isometric 等距的

讲一讲

1. 计算机不仅可以对单个变量表示的数据进行处理，还可以对一组数据进行批量处理；在实际计算中存在大量同时处理多个数据的情况，这需要将多个数据有效组织起来并统一表示，这种能够表示多个数据的类型称为组合数据类型。

2. 组合数据类型能够将多个同类型或不同类型的数据组织起来，通过单一的表示使数据操作更有序、更容易；根据数据之间的关系，组合数据类型可分为序列类型、映射类型和集合类型 3 类，如图 5–1 所示。

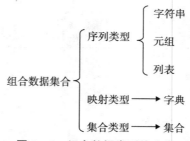

图 5–1 组合数据类型的分类

3. 列表是包含 0 个或多个元素的有序序列，属于序列类型；其长度和内容都是可变的，可自由对列表中的元素进行增加、删除或替换操作；列表没有长度限制，元素类型可以不同，其中的元素类型可以是整数、实数、字符串等基本数据类型，也可以是列表、元组、字典、集合以及其他自定义类型的对象。

4. 列表使用"［］"（方括号）表示，方括号中用逗号将不同元素进行分隔完成创建；列表索引下标从 0 开始，可以通过下标索引方式访问列表中的值；列表必须通过显示的数据赋值才能生成，简单将一个列表赋值给另一个列表不会生成新的列表对象，只是产生对原有列表的一个新引用。

5. 若使用 while 循环遍历列表，需要获取列表长度，将获取的列表长度作为 while 循环的判断条件。

6. 若使用 for 循环遍历列表，则需要将遍历的列表作为 for 循环表达式中的序列。

7. Python 中提供了大量方法用于对列表元素的增加、删除、统计、排序等操作，如表 5–1、表 5–2、表 5–3、表 5–4 所示。

表 5–1 增加元素操作表

方法	语法格式	说明
append（）	List. append（obj） 其中，list 表示列表，obj 表示添加到列表末尾的对象	使用该方法可在列表末尾添加新的元素

续表

方法	语法格式	说明
extend（　）	List. extend（seq） 其中，List 表示列表，seq 表示添加到列表中的元素列表	使用该方法可以在列表末尾一次性追加另一个序列中的多个值
insert（　）	List. insert（index，obj） 其中，List 表示列表，index 表示对象需插入的索引位置，obj 表示要插入列表中的对象	使用该方法可将指定对象插入列表的指定位置

表 5－2　查找元素与计数操作表

方法	语法格式	说明
index（　）	List. index（obj） 其中，List 表示列表，obj 表示要查找的对象	使用该方法可用于查看指定元素是否存在于列表中
count（　）	List. count（obj） 其中，List 表示列表，obj 表示列表中要统计的对象	使用该方法可用于统计指定元素在列表中出现的次数

表 5－3　删除元素操作表

方法	语法格式	说明
del 命令	del list［index］ 其中，list 表示列表，index 表示要删除的索引号	该命令可根据索引删除列表中的元素，也可使用分片方式删除列表中的元素
pop（　）	List. pop（［obj］） 其中，List 表示列表，obj 为可选参数，表示移除列表元素的索引值，默认为 －1，删除最后一个列表值	该方法用于移除列表中的一个元素，并返回该元素的值
remove（　）	List. remove（obj） 其中，List 表示列表，obj 表示列表中要移除的对象	该方法用于移除列表中某个值的第一个匹配项

表 5－4　列表排序操作表

方法	语法格式	说明
Reverse（　）	List. reverse（　） 其中，List 表示列表，该方法没有参数，没有返回值	该方法用于将列表中的元素反向存储

续表

方法	语法格式	说明
Sort（）	List. sort（［key = None］［, reverse = False］） 其中，List 表示列表，key 为可选参数，如果指定了该参数，会使用该参数的方法进行排序，reverse 为可选参数，表示是否反向排序，默认为 False	该方法用于对原列表进行排序（默认为升序排序），排序后的新列表会覆盖原列表
Sorted（）	Sorted（iterable［, key = None］［, reverse = False］） 　　其中，iterable 表示可迭代对象（列表名），参数 key 和 reverse 的用法与 sort（） 方法中的相同	该方法用于对列表进行排序，同时返回新列表，但不对原列表进行任何修改

创设情境

　　统计是计算科学、管理学、社会学、数学等诸多领域的基本问题，相关问题、方法和技术组成了一门学科，即"统计学"。统计学是通过搜索、整理、分析、描述数据等手段，以达到推断所测对象的本质，甚至预测对象未来的一门综合性科学。统计学用到了大量的数学及其他学科的专业知识，其应用范围几乎覆盖了社会科学和自然科学的各个领域。统计学是一门很古老的科学，一般认为其学理研究始于古希腊的亚里士多德时代，迄今已有2300 多年的历史。它起源于研究社会经济问题，在 2000 多年的发展过程中，统计学至少经历了"城邦政情"、"政治算数"和"统计分析科学"三个发展阶段。国家统计局主管全国统计和国民经济核算工作，拟定统计工作法规、统计改革和统计现代化建设规划以及国家统计调查计划，组织领导和监督检查各地区、各部门的统计和国民经济核算工作，监督检查统计法律法规的实施。

学习任务

　　请在课前理解和学习二维码中提供的资料。

码到成功

一、全面建设小康社会的统计监测功能

1. 中国当前正在为实现全面建设小康社会的奋斗目标而努力。为帮助全社会认识和了解全面建设小康社会的目标值，现有以下监测指标，如表 5 - 5 所示，表中给出了 2018 年、2019 年实际数据及目标值数据信息，请实现以下业务需求：

（1）将相关数据录入系统；

（2）将 2018 年、2019 年两个年份数据分别与目标值数据对比，分析哪些指标已完成，哪些指标未完成。

表 5 - 5　2018 年、2019 年全面建成小康社会监测值

指标名称	2018 年数据	2019 年数据	目标数据
人均 GDP	22000 元	26000 元	28000 元
第三产业比重	>48%	>56%	>50%
城镇人口比重	63%	65%	60%
平均受教育年限	7.5 年	11 年	10.5 年
平均预期寿命	>70 岁	>75 岁	>75 岁

参考代码如下：

```
#创建"指标"列表
norms =['人均 GDP','第三产业比重','城镇人口比重',\
'平均受教育年限','平均预期寿命']
years =[2018,2019]          #创建"年份"列表
#创建"数据"列表/在列表中创建列表
data =[[22000,48,63,7.5,70],[26000,56,65,11,75]]
target =[28000,50,60,10.5,75] #创建"目标值"列表
#根据年份进行 for 循环遍历
for year in range(len(years)):
    #根据列数据检查
    for idx, column in enumerate(norms):
        #数据不达标时输出记录
        if data[year][idx]<target[idx]:
            print("%d 年%s 指标未达成,数据:%d,目标值%d"% (years[year],\
column,data[year][idx],target[idx]))
```

运行结果如图 5 - 2 所示。

2018 年人均 GDP 指标未达成，数据：22000，目标值 28000

2018 年第三产业比重指标未达成，数据：48，目标值 50

2018 年平均受教育年限指标未达成，数据：7，目标值 10

2018 年平均预期寿命指标未达成，数据：70，目标值 75

2019 年人均 GDP 指标未达成，数据：26000，目标值 28000

图 5 – 2　全面建设小康社会 2018 年和 2019 年指标对比运行结果

2. 现需增加监测指标数据，如表 5 – 6 所示，然后对比相关数据。

表 5 – 6　2018 年、2019 年全面建成小康社会增加监测指标表

指标名称	2018 年数据	2019 年数据	目标数据
基本社会保障覆盖率	60%	70%	80%
居民人均可支配收入	12900 元	13500 元	13000 元
人均住房使用面积	28 平方米	30 平方米	27 平方米

参考代码如下：

```
#以下代码是案例一代码的延续
#列表的追加/extend()使用该方法可在列表末尾一次性追加另一个序列中的多个值
norms.extend(['基本社会保障覆盖率','居民人均可支配收入',\
'人均住房使用面积'])
data[0].extend([60,12900,28])
data[1].extend([70,13500,30])
target.extend([80,13000,27])
for year in range(len(years)):
    for idx,column in enumerate(norms):
        if data[year][idx]<target[idx]:
            print("%d 年%s 指标未达成,数据:%d,目标值%d"% (years[year],\
column,data[year][idx],target[idx]))
```

运行结果如图 5 – 3 所示。

2018 年人均 GDP 指标未达成，数据：22000，目标值 28000

2018 年第三产业比重指标未达成，数据：48，目标值 59

2018 年平均受教育年限指标未达成，数据：7，目标值 10

2018 年平均预期寿命指标未达成，数据：70，目标值 75

2018 年基本社会保障覆盖率指标未达成，数据：60，目标值 80

2018 年居民人均可支配收入指标示达成，数据：12900，目标值 13000

2019 年人均 GDP 指标未达成，数据：26000，目标值 28000

2019 年基本社会保障覆盖率指标未达成，数据：70，目标值 80

图 5 – 3　追加新指标后 2018 年和 2019 年指标对比运行结果

二、大学生1月生活费水平频数分析

通过了解大学生日常收入和消费状况，为学校的助学政策提供参考，同时也为大学生消费市场的开发提供一定参考。如表5－7所示，为某大学生随机抽取的20位学生1月生活费水平，请实现计算此样本的1月生活费水平频数及频率（频率＝频数÷样本容量）功能。

表5－7　大学生1月生活费样本数据

学生	300元以下	300~400元	400~500元	500~600元	600~700元	700元以上
学生1			√			
学生2		√				
学生3			√			
学生4				√		
学生5					√	
学生6						√
学生7	√					
学生8		√				
学生9				√		
学生10					√	
学生11			√			
学生12		√				
学生13			√			
学生14				√		
学生15	√					
学生16						√
学生17	√					
学生18		√				
学生19		√				
学生20			√			

参考代码如下：

```
#创建列表
expenses =['300元以下','300~400元','400~500元',\
'500~600元','600~700元','700元以上']
data =[2,1,2,3,4,5,0,1,3,4,2,1,2,3,0,5,0,1,1,2]
#for 循环遍历
```

```
for idx,expense in enumerate(expenses):
    print("% s,频数:% d,频率:% .1f% % "% (expense,\
        data.count(idx),data.count(idx)*100/float(len(data))))
```

运行结果如图 5-4 所示。

300 元以下，频数：3，频率：15.0%

300 ~ 400 元，频数：5，频率：25.0%

400 ~ 500 元，频数：5，频率：25.0%

500 ~ 600 元，频数：3，频率：15.0%

600 ~ 700 元，频数：2，频率：10.0%

700 元以上，频数：2，频率：10.0%

图 5-4 大学生 1 月生活费水平频数分析运行结果

三、大学生 1 月生活费水平基本统计值计算

利用表 5-7 中数据计算该 20 位学生 1 月生活费的算术平均值和标准差。

计算公式为：记一组数据表示为 $S = s_0, s_1, \cdots, s_{n-1}$，算术平均值为

$$m = (\sum_{i=0}^{n-1} s_i)/n, \text{标准差为 } d = \sqrt{(\sum_{i=0}^{n-1} (s_i - m)^2)/(n-1)}。$$

参考代码如下：

```
#创建组中值列表
expenses =[150,350,450,550,650,700]
data =[2,1,2,3,4,5,0,1,3,4,2,1,2,3,0,5,0,1,1,2]
total =0
for item in data:        #计算算术平均值
    total + =expenses[item]
average =total/len(data)
print('大学生 1 月生活费平均值:% .2f'% average)
difference =0
for item in data:        #计算
标准差
    difference + =(expenses[item] -average) **2
squared_error =(difference/(len(data) -1)) **0.5
print('大学生 1 月生活费标准差:% .2f'% squared_error)
```

运行结果如图 5-5 所示。

大学生 1 月生活费平均值：440.00

大学生 1 月生活费标准差：170.60

图 5-5 大学生 1 月生活费水平基本统计值计算运行结果

四、百货公司20天商品销售额的统计

棒哥百货公司开业20天商品销售额数据如表5－8所示，请实现对其销售额进行等距分组（百货公司日商品销售额最小25万元，最大49万元，全距＝49万元－25万元＝24万元，若分为等距数列，可分为5个组，组距＝24÷5＝4.8，为便于计算组距可取5），且计算组中值（组中值＝$\dfrac{上限＋下限}{2}$，其中，下限为一个组的最小值，上限为一个组的最大值）。

表5－8　棒哥百货公司开业20天商品销售额　　　　　　　单位：万元

41	25	28	49	38	34	30	38	43	40
45	36	29	44	31	36	35	41	37	42

参考代码如下：

```
#销售等距分组
sales_isometric = ['25万~30万元','30万~35万元','35万~40万元','40万~45万元','45万~50万元']
sales_volume = [41,25,28,49,38,34,30,38,43,40,45,36,29,44,31,36,35,41,37,42]
upper_limit = [30,35,40,45,50]          #上限
lower_limit = [25,30,35,40,45]          #下限
result = {}
for value in sales_volume:
    for idx in range(len(sales_isometric)):
        if lower_limit[idx] <= value < upper_limit[idx]:
if str(idx) in result:
            result[str(idx)].append(value)
else:
                result[str(idx)] = [value]
for idx in range(len(sales_isometric)):
    print("% s,频数:% d,频率:% .2f% % ,组中值:% .2f"%
        (sales_isometric[idx],len(result[str(idx)]),\
        len(result[str(idx)]) *100/len(sales_volume),\
        (max(result[str(idx)]) *min(result[str(idx)]))/2))
```

运行结果如图5－6所示。

25 万 ~ 30 万元，频数，3，频率，15.00%，组中值：362.50
30 万 ~ 35 万元，频数，3，频率，15.00%，组中值：510.00
35 万 ~ 40 万元，频数，6，频率，30.00%，组中值：665.00
40 万 ~ 45 万元，频数，6，频率，30.00%，组中值：880.00
45 万 ~ 50 万元，频数，2，频率，10.00%，组中值：1102.50

图 5-6　百货公司 20 天销售额的统计运行结果

拓展练习

为确定灯泡的使用寿命，在一批灯泡中随机抽取 50 只进行测试，测试结果如表 5-9 所示，请利用 Python 编写频数分布数列。

表 5-9　调查结果

893	900	800	938	864	919	863	981	916	818
866	905	954	890	1006	926	900	999	886	1120
946	926	895	967	921	978	821	924	652	850
886	928	999	946	950	864	1050	927	949	852
1027	928	978	816	1000	918	1040	854	1100	900

第二节　经济学案例中的字典操作及应用

知识目标

1. 字典的创建及访问
2. 字典的基本操作方法
3. 字典的遍历方法
4. 字典的嵌套使用方法

案例讲解

1. 改写"全面建设小康社会的统计监测功能"案例
2. 实现不同品牌同类产品的市场销售差异分析
3. 实现"九五"期间主要经济指标时序分析
4. 实现百货商店基期与报告期三种商品价格指数计算

计算机英语

Marketing 市场营销

Production 生产

Population 人口

A department store 百货商店

Reporting period 报告期

Base period 基期

Price index 价格指数

Sales volume 销售额

Amount of profit 利润额

Correlation coefficient 相关系数

讲一讲

1. 在多数商业场景中会遇到将相关数据关联起来的需求，Python 提供字典和集合这两种数据结构来解决这一问题。

2. 字典是 Python 中常用的一种数据存储结构，由"键－值"对组成，每个"键－值"对被称为一个元素，每个元素表示一种映射或对应关系；其中"键"可以是 Python 中任意不可变数据，"值"可以取 Python 中任意数据类型；创建方式如表 5－10 所示。

表 5－10 字典的创建方式

方式	语法格式	说明
直接赋值	变量名 = ⎰键1：值1，键2：值2，……⎰	字典的元素放在大括号内，元素之间用逗号分隔，"键"与"值"之间用冒号分隔
使用 dict（ ）函数	变量名 = dict（其他字典） 变量名 = dict（ [（'键1','值1'）]，[（'键2','值2'）]，……）	该函数可通过其他"字典""（键，值）"对的序列或关键字参数来创建
使用 fromkeys（ ）方法	Dict. fromkeys（seq [，value]） 其中，seq 为字典"键"值列表，value 为设置键序列（seq）的值，默认为 None	该方法用于当所有键对应同一个值的情况

字典中的元素打印出来的顺序与创建时的顺序不一定相同，因为字典中各个元素并没有前后顺序；字典中的"键"是唯一的，创建字典时若出现"键"相同的情况，则后定义的"键－值"对覆盖前定义的"键－值"对。

3. 字典访问是根据指定"键"索引的方式访问其对应"值",常见访问方式如表 5 – 11 所示。

表 5 – 11　字典的访问

方式	语法格式	说明
根据键访问值	字典变量名［键］	字典中的每个元素表示一种映射关系,将提供的"键"作为下标可以访问对应的"值",如果字典中不存在这个"键"则会抛出异常
使用 get（　）方法访问值	Dict. get（key［, default = None］）其中, dict 为被访问字典名, key 是要查找的键, default 定义默认值,如果指定键的值不存在,返回该默认值,当 default 为空时,返回 None	在访问字典时,若不确定字典中是否有某个键,可通过 get（　）方法进行获取,若该键存在,则返回其对应的值,若不存在,则返回默认值

4. Python 提供大量方法实现对字典元素的增加、修改、删除、复制、更新等操作,如表 5 – 12 所示。

表 5 – 12　字典的基本操作

操作	方法	语法格式	说明
修改元素	直接赋值	字典变量名［键］ = 值	若该"键"在字典中存在,则表示修改该"键"对应的值
添加元素	直接赋值	字典变量名［键］ = 值	若该"键"在字典中不存在,则表示添加一个新的"键 – 值"对
删除元素	del 命令	del 字典变量名［键］	根据"键"删除字典中的元素
	clear（　）	dict. clear（　）其中, dict 为要被清空的字典名	该方法用于清除字典中所有元素
	pop（　）	dict. pop（key［, default］）其中, dict 为要被删除元素的字典名, key 是要被删除的键, default 是默认值,当字典中没有要被删除的 key 时,该方法返回指定的默认值	该方法用于获取指定"键"的值,并将这个"键 – 值"对从字典中移除
	popitem（　）	dict. popitem（　）其中, dict 为要被删除元素的字典名,该方法无参数,返回值为一个随机的"键 – 值"对	该方法用于随机获取一个"键 – 值"对,并将其删除

续表

操作	方法	语法格式	说明
更新字典	update（　）	dict. update（dict2） 其中，dict 为当前字典，dict2 为新字典	该方法可以将新字典的"键－值"对一次性全部添加到当前字典中，若两个字典中存在相同的"键"，则以新字典中的"值"为准更新当前字典
复制字典	copy（　）	dict. copy（　） 其中，dict 为需要复制的字典，该方法无参数，返回值为一个新字典	该方法返回字典的浅复制

5. 一个字典可能只包含几个"键－值"对，也可能包含成千上万个"键－值"对；当字典包含大量元素时，可利用遍历的方法对数据进行访问，遍历方式如表5－13 所示。

表5－13　字典的遍历

操作	语法格式	说明
遍历字典中所有"键－值"对	Dict. items（　） 其中，dict 表示字典名，该方法没有参数	该方法以列表形式返回可遍历的"（键，值）"元组
遍历字典中所有的键	Dict. keys（　） 其中，dict 表示字典名，该方法没有参数	该方法只遍历字典中的键，以列表返回一个字典中所有的键
遍历字典中所有的值	Dict. values（　） 其中，dict 表示字典名，该方法没有参数	该方法只关心字典中所包含的值，以列表形式返回字典中所有的值

6. 在某些商业场景中需要将一系列字典存储在列表中，或将列表作为值存储在字典中，这称为嵌套。嵌套方式有3 种，分别是：（1）在列表中嵌套字典；（2）在字典中嵌套列表，即当需要在字典中将一个键关联到多个值时；（3）在字典中嵌套字典，即将字典作为值进行存储。

创设情境

市场营销，又称作市场学、市场营销或营销学，既是一种职能，又是组织者为了自身及利益相关者的利益而创造、沟通、传播和传递客户价值，为客户、合作伙伴以及整个社会带来经济价值的活动、过程和体系。主要是指营销人员针对市场开展经营活动、销售行为的过程。在市场营销这一概念中，包括一系列的核心概念，即需要、欲望和需求，产品，价值、成本和满意，交换，关系营销和营销网等基本要素。

研究内容包括：（1）营销原理：包括市场分析、营销观念、市场营销信息系统与营销环境、消费者需要与购买行为、市场细分与目标市场选择等理论；（2）营销实务：由产品策略、定价策略、分销渠道策略、促销策略、市场营销组合策略等组成；（3）营销管理：包括营销战略、计划、组织和控制等；（4）特殊市场营销：由网络营销、服务市场营销和国际市场营销等组成。

学习任务

请在课前理解和学习二维码中提供的资料。

码到成功

一、改写"全面建设小康社会的统计监测功能"案例

此案例为第五章第一节案例一的改写，将数据存储方式由"列表"改写为"字典"。

当前我国正在为实现全面建设小康社会的奋斗目标而努力。为帮助全社会认识了解全面建设小康社会的目标值，现有以下监测指标，如表 5－14 所示，表中给出了 2018 年、2019 年数据及目标值相关数据，请实现以下业务需求：（1）将相关数据录入系统；（2）将 2018 年、2019 年两个年份数据分别与目标值对比，分析哪些指标已完成，哪些指标未完成。

表 5－14　2018 年、2019 年全面建成小康社会监测值

指标名称	2018 年数据	2019 年数据	目标数据
人均 GDP	22000 元	26000 元	28000 元
第三产业比重	>48%	>56%	>50%
城镇人口比重	63%	65%	60%
平均受教育年限	7.5 年	11 年	10.5 年
平均预期寿命	>70 岁	>75 岁	>75 岁
基本社会保障覆盖率	60%	70%	80%
居民人均可支配收入	12900 元	13500 元	13000 元
人均住房使用面积	28 平方米	30 平方米	27 平方米

参考代码如下：

```
#嵌套结构/在列表中嵌套字典
data =[
    {'名称':'2018',
    '人均 GDP':22000,
```

```
        '第三产业比重':48,
        '城镇人口比重':63,
        '平均受教育年限':7.5,
        '平均预期寿命':70,
        '基本社会保障覆盖率':60,
        '居民人均可支配收入':12900,
        '人均住房使用面积':28},
        {'名称':'2019',
        '人均 GDP':26000,
        '第三产业比重':56,
        '城镇人口比重':65,
        '平均受教育年限':11,
        '平均预期寿命':75,
        '基本社会保障覆盖率':70,
        '居民人均可支配收入':13500,
        '人均住房使用面积':30}
]
    #创建字典
target = {
        '人均 GDP':28000,
        '第三产业比重':50,
        '城镇人口比重':60,
        '平均受教育年限':10.5,
        '平均预期寿命':75,
        '基本社会保障覆盖率':80,
        '居民人均可支配收入':13000,
        '人均住房使用面积':27}
for item in data:
    for norm in item:
        if norm! ='名称'and item[norm] <target[norm]:
    print("% s 年% s 指标未达成,数据:% d,目标值:% d"% \
            (item['名称'],norm,item[norm],target[norm]))
```

运行结果如图 5 - 7 所示。

2018 年人均 GDP 指标未达成，数据：22000，目标值：28000

2018 年第三产业比重指标未达成，数据：48，目标值：50

2018 年城镇人口比重指标未达成，数据：63，目标值：60

2018 年平均受教育年限指标未达成，数据：7.5，目标值：10.5

2018 年平均预期寿命指标未达成，数据：70，目标值：75

2018 年基本社会保障覆盖率指标未达成，数据：60，目标值：80

2018 年居民人均可支配收入指标未达成，数据：12900，目标值：13000

2019 年人均 GDP 指标未达成，数据：26000，目标值：28000

2019 年基本社会保障覆盖率指标未达成，数据：70，目标值：80

图 5-7　2018 年、2019 年全面建成小康社会监测值运行结果

二、不同品牌同类产品的市场销售差异分析

为了了解 A 和 B 两大品牌的同类产品的市场销售情况，对某地区 10 家百货商店进行调查，得到 2019 年度这两个品牌同类产品的有关销售数据信息，如表 5-15 所示。

表 5-15　A 商品和 B 商品销售额表

商店名称	A 商品销售额/万元	B 商品销售额/万元
商店 1	781	744
商店 2	577	527
商店 3	560	374
商店 4	552	518
商店 5	470	289
商店 6	451	264
商店 7	437	352
商店 8	400	312
商店 9	391	329
商店 10	378	285

现需计算两种品牌商品的有关销售指标，为市场形式分析提供数据依据，业务需求如下：（1）计算 A、B 两种品牌商品的平均销售额；（2）计算 A、B 两种品牌的标准差；（3）计算 A、B 两种品牌商品的标准差系数。

参考代码如下：

```
#嵌套结构/在列表中创建字典
data = [
    {'name':'商店1','A':781,'B':744},
    {'name':'商店2','A':577,'B':527},
    {'name':'商店3','A':560,'B':374},
    {'name':'商店4','A':552,'B':518},
    {'name':'商店5','A':470,'B':289},
```

```
    {'name':'商店6','A':451,'B':264},
    {'name':'商店7','A':437,'B':352},
    {'name':'商店8','A':400,'B':312},
    {'name':'商店9','A':391,'B':329},
    {'name':'商店10','A':378,'B':285}
]
#计算商品平均销售额
sum_a = 0
sum_b = 0
for shop in data:
    sum_a += shop['A']
    sum_b += shop['B']
average_a = sum_a/10
average_b = sum_b/10
print('A品牌商品的平均销售额:%s'% average_a)
print('B品牌商品的平均销售额:%s'% average_b)
#计算商品标准差
difference_a = 0
difference_b = 0
for shop in data:
    difference_a += (shop['A'] - average_a) ** 2
    difference_b += (shop['B'] - average_b) ** 2
#计算商品标准差系数
squared_error_a = (difference_a/10) ** 0.5
squared_error_b = (difference_b/10) ** 0.5
print('A品牌商品的标准差:% .4f'% squared_error_a)
print('B品牌商品的标准差:% .4f'% squared_error_b)
print('A品牌商品的标准差系数:% .2f%%'% \
(squared_error_a/average_a *100))
print('B品牌商品的标准差系数:% .2f%%'% \
(squared_error_b/average_b *100))
```

运行结果如图5-8所示。

A 品牌商品的平均销售额：499.7

B 品牌商品的平均销售额：399.4

A 品牌商品的标准差：116.2876

B 品牌商品的标准差：114.2887

A 品牌商品的标准差系数：23.27%

B 品牌商品的标准差系数：36.13%

图 5-8 不同品牌同类产品的市场销售差异分析运行结果

三、"九五"期间主要经济指标时序分析

在经济领域中，各种现象都是随着时间的推移不断变化的，决策的正确与否以该决策能否适应变化的环境为根本标准，表 5-16 展示了"九五"期间主要经济指标。

表 5-16 "九五"期间主要经济指标

年份	国内生产总值（亿元）	城镇居民家庭人均可支配收入（元）	能源生产产量（万吨标准煤）	年底总人口数（万人）	年平均人口（万人）	出生率（‰）
1996	67884.6	4838.9	132616	122389	113519	16.98
1997	74462.6	5160.3	132410	123626	123008	16.57
1998	78345.2	5425.1	124250	124761	124194	15.64
1999	82067.5	5854.0	109126	125786	125274	14.64
2000	89468.1	6280.0	106988	126743	126265	14.03

现需实现以下业务需求：（1）计算 1996 年至 2000 年国内生产总值指标的序时平均数（计算公式为：$\bar{a} = \dfrac{a_1 + a_2 + \cdots + a_n}{n} = \dfrac{\sum\limits_{i=1}^{n} a_i}{n}$）；（2）根据年底总人口数时间序列计算"九五"期间的平均人口（此数据为间断时点数列，且各时点的间隔相等，计算公式为：$\bar{a} = \dfrac{\dfrac{a_1}{2} + a_2 + \cdots + a_{n-1} + \dfrac{a_n}{2}}{n-1}$）。

参考代码如下：

```
#嵌套结构/在列表中创建字典
data = [
    {'年份':1996,'国内生产总值(亿元)':67884.6,\
    '城镇居民家庭人均可支配收入(元)':4838.9,\
    '能源生产产量(万吨标准煤)':132616,\
    '年底总人口数(万人)':122389,'年平均人口(万人)':\
    113519,'出生率(‰)':16.98},\
```

```
    {'年份':1997,'国内生产总值(亿元)':74462.6,\
    '城镇居民家庭人均可支配收入(元)':5160.3,\
    '能源生产产量(万吨标准煤)':132410,'年底总人口数(万人)':123626,\
    '年平均人口(万人)':123008,'出生率(‰)':16.57},\
    {'年份':1998,'国内生产总值(亿元)':78345.2,\
    '城镇居民家庭人均可支配收入(元)':5425.1,\
    '能源生产产量(万吨标准煤)':124250,\
    '年底总人口数(万人)':124761,'年平均人口(万人)':\
    124194,'出生率(‰)':15.64},\
    {'年份':1999,'国内生产总值(亿元)':82067.5,\
    '城镇居民家庭人均可支配收入(元)':5854.0,\
    '能源生产产量(万吨标准煤)':109126,\
    '年底总人口数(万人)':125786,'年平均人口(万人)':\
    125274,'出生率(‰)':14.64},\
    {'年份':2000,'国内生产总值(亿元)':89468.1,\
    '城镇居民家庭人均可支配收入(元)':6280.0,\
    '能源生产产量(万吨标准煤)':106988,\
    '年底总人口数(万人)':126743,'年平均人口(万人)':\
    126265,'出生率(‰)':14.03}
]
#计算生产总值指标序时平均数
total_production =0
for item in data:
    total_production +=item['国内生产总值(亿元)']
print('1996年至2000年国内生产总值指标的序时平均数:\
%s'%(total_production/5))
#计算平均人口
total_population =0
for idx,item in enumerate(data):
    if idx ==0 or idx ==len(data)-1:
        total_population +=item['年底总人口数(万人)']/2
    else:
        total_population +=item['年底总人口数(万人)']
print('"九五"期间的平均人口:%s(万人)'% \
(total_population/(len(data)-1)))
```

运行结果如图 5 – 9 所示。

1996 年至 2000 年国内生产总值指标的序时平均数：78445.6

"九五"期间的平均人口：124684.75（万人）

图 5 – 9 "九五"期间主要经济指标时序分析运行结果

四、百货商店基期与报告期三种商品价格指数计算

某百货商店 2015 年 1 月和 2018 年 1 月三种商品价格和销售量数据如表 5 – 17 所示。

表 5 – 17 某百货商店基期和报告期三种商品价格和销售量

产品种类	2015 年 1 月的价格 p_0（元）	2015 年 1 月的销售量 q_0（千）	2018 年 1 月的价格 p_1（元）	2018 年 1 月的销售量 q_1（千）
男鞋（双）	420	300	598	320
西装（套）	2800	110	4999	100
衬衫（件）	298	1200	598	1120

现需实现以下业务需求：（1）计算 2015 年 1 月和 2018 年 1 月每种商品的价值总量（计算公式为：$S = p \times q$）；（2）以 2015 年 1 月为基期，计算 2018 年 1 月的价值指数（价值指数反映的是度量价值变化的百分数，由两个不同时期的价值总量对比形成的指数，计算公式为：$V = \dfrac{\sum p_1 q_1}{\sum p_0 q_0}$）。

参考代码如下：

```
#嵌套结构/在列表中创建字典
data =[
    {'产品种类':'男鞋(双)','2015 年 1 月的价格 p_0(元)':420,\
    '2015 年 1 月的销售量 q_0(千)':300,'2018 年 1 月的价格 p_1(元)':598,\
    '2018 年 1 月的销售量 q_1(千)':320},
    {'产品种类':'西装(套)','2015 年 1 月的价格 p_0(元)':2800,\
    '2015 年 1 月的销售量 q_0(千)':110,'2018 年 1 月的价格 p_1(元)':4999,\
    '2018 年 1 月的销售量 q_1(千)':100},
    {'产品种类':'衬衫(件)','2015 年 1 月的价格 p_0(元)':298,\
    '2015 年 1 月的销售量 q_0(千)':1200,'2018 年 1 月的价格 p_1(元)':598,\
    '2018 年 1 月的销售量 q_1(千)':1120}
]
total_2015 =0
total_2018 =0
```

```
for item in data:
    total_2015 + = item['2015 年 1 月的价格 p_0(元)'] * item\
    ['2015 年 1 月的销售量 q_0(千)']
    total_2018 + = item['2018 年 1 月的价格 p_1(元)'] * item\
    ['2018 年 1 月的销售量 q_1(千)']
    print('% s 产品 2015 年 1 月的价值总量:% s,\
    2018 年 1 月的价值总量:% s'% (item['产品种类'],\
    total_2015,total_2018))
print('2015 年 1 月为基期,2018 年 1 月的价值指数：\
% .1f% % '% (total_2018/total_2015 *100))
```

运行结果如图 5 - 10 所示。

男鞋（双）产品 2015 年 1 月的价值总量：126000，2018 年 1 月的价值总量：191360
西装（套）产品 2015 年 1 月的价值总量：434000，2018 年 1 月的价值总量：691260
衬衫（件）产品 2015 年 1 月的价值总量：791600，2018 年 1 月的价值总量：1361020
2015 年 1 月为基期，2018 年 1 月的价值指数：171.9%

图 5 - 10　百货商店基期与报告期三种商品价格指数计算运行结果

拓展练习

　　为评价企业的经营效果，某企业对下属 10 家分公司的销售额与利润额进行调查，调查结果如表 5 - 18 所示，请实现销售额与利润额的相关系数计算。（相关系数计算公式：

$$r = \frac{n \sum xy - \sum x \sum y}{\sqrt{n \sum x^2 - \left(\sum x\right)^2} \sqrt{n \sum y^2 - \left(\sum y\right)^2}}$$ ，其中，n 代表数量，x 代表销售额，y 代表利润额）

表 5 - 18　某企业 10 家分公司销售额与利润额对照表

销售额	160	80	161	101	80	128	120	105	145	145
利润额	9.3	4.8	8.9	6.5	4.2	6.2	7.4	6.0	7.6	6.1

第三节 经济学案例中的元组和集合操作及应用

知识目标

1. 元组的创建与基本操作
2. 元组的内置函数
3. 集合的创建与基本操作

案例讲解

1. 实现简单财务管理功能（一）
2. 实现简单财务管理功能（二）
3. 实现简单商品类别数据分析（一）
4. 实现简单商品类别数据分析（二）

计算机英语

Income 收入
Financial management 财务管理
Tuple 元组
Corporation 公司
Set 集合

讲一讲

1. Python 的元组与列表类似，不同之处在于不能对元组的元素进行修改，且在创建过程中使用圆括号表示，元素与元素之间使用逗号分隔。

2. 由于元组是不可变序列，有些操作如添加、修改和删除等是不能使用的；可以使用下标索引来访问元组中的值；可以对元组进行连接组合；可以使用 for 循环来遍历元组中的元素。

3. 元组的内置函数，如表 5 - 19 所示。

表 5 - 19　元组的内置函数

函数	描述
len（x）	返回元组 x 的长度
max（x）	返回元组 x 中最大值
min（x）	返回元组 x 中最小值
tuple（x）	以一个序列为参数，将其转换为元组，若参数本身是元组，则原样返回参数

4. 集合类型是包含 0 个或多个数据项的无序组合；集合中的元素不可重复，元素类型只能是固定数据类型，不能是可变数据类型；在 Python 中界定固定数据类型与否主要考查类型是否能够进行哈希运算，能进行哈希运算的类型可作为集合元素。

5. 创建集合只需将逗号分隔的不同元素使用"｜｜"（大括号）括起来；由于集合中元素是无序的，集合的打印效果与定义顺序可以不一致，且集合中元素独一无二特性，使用集合类型能够过滤掉重复元素；可使用 set（　）函数将列表、元组等其他类型的数据转换为集合，如果原来的数据中存在重复元素，则在转换为集合时会自动删除重复元素值。

6. Python 提供多种方法和函数用于集合元素的添加和删除，如表 5 - 20 所示。

表 5 - 20　集合类型的操作函数和方法

操作函数和方法	描述
s. add（x）	如果数据项 x 不在集合 S 中，将 x 添加到 S 中
s. update（T）	合并集合 T 中的元素到当前集合 S 中，并自动去除重复元素
s. pop（　）	随机删除并返回集合中的一个元素，如果集合为空则抛出异常
s. remove（x）	如果 x 在集合 S 中，移除该元素；如果 x 不存在则抛出异常
s. discard（x）	如果 x 在集合 S 中，移除该元素；如果 x 不存在不报错
s. clear（　）	清空集合

7. Python 提供支持数学意义上的集合运算，如表 5 - 21 所示。

表 5 - 21　集合类型的操作符

操作符	描述
S&T	交集，返回一个新集合，包含同时在集合 S 和 T 中的元素
S ｜ T	并集，返回一个新集合，包含集合 S 和 T 中的所有元素
S - T	差集，返回一个新集合，包括在集合 S 中但不在集合 T 中的元素
S ^ T	补集，返回一个新集合，包括集合 S 和 T 中的元素，但不包括同时在集合 S 和 T 中的元素
S < = T	如果 S 与 T 相同或 S 是 T 的子集，返回 True，否则返回 False，可以用 S < T 判断 S 是否是 T 的真子集
S > = T	如果 S 与 T 相同或 S 是 T 的超集，返回 True，否则返回 False，可以用 S > T 判断 S 是否是 T 的真超集

创设情境

　　财务管理是在一定的整体目标下，关于资产的购置（投资），资本的融通（筹资）和经营中现金流量（营运资金），以及利润分配的管理。财务管理是企业管理的一个组成部分，它是根据财经法规制度，按照财务管理的原则，组织企业财务活动，处理财务关系的一项经济管理工作。简单地说，财务管理是组织企业财务活动，处理财务关系的一项经济管理工作。主要内容包括：财务的目标与职能、估价的概念、市场风险与报酬率、多变量与因素估价模型、期权估价、资本投资原理、资本预算中的风险与实际选择权等。

学习任务

　　请在课前理解和学习二维码中提供的资料。

元组

集合

码到成功

一、简单财务管理功能（一）

　　A 公司财务人员将在年终会上对公司 2019 年的财务情况进行总结。2019 年该公司每月收入（单位：万元），如表 5 – 22 所示。

表 5 – 22　A 公司 2019 年每月收入　　　　　　单位：万元

1 月	2 月	3 月	4 月	5 月	6 月
11.5	11.8	12.3	12.5	12.8	13.0
7 月	8 月	9 月	10 月	11 月	12 月
13.3	13.6	13.9	14.2	14.0	14.0

　　按需实现以下业务需求：

　　（1）为了防止数据被修改，请将列表储存方式改为元组储存方式。

　　参考代码如下：

```
Income_19 =[11.5,11.8,12.3,12.5,12.8,13.0,13.3,13.6,\
13.9,14.2,14.0,14.0]
Tuple_19 = tuple(Income_19)          #将序列转换为元组
print("""
A公司年终总结
总收入:{}
最高月收入:{}
最低月收入:{}
""".format(sum(Tuple_19),max(Tuple_19),min(Tuple_19)))
```

运行结果如图 5-11 所示。

A公司年终总结
总收入:158.1
最高月收入:15.2
最低月收入:11.5

图 5-11 A 公司年终总结运行结果图

（2）从数据源中查看第三季度（7-9月）的月平均收入，最高收入和最低收入。

参考代码如下：

```
Income_19 =[11.5,11.8,12.3,12.5,12.8,13.0,13.3,13.6,\
13.9,14.2,14.0,14.0]
Tuple_19 = tuple(Income_19)          #将序列转换为元组
Quarter_3 = Tuple_19[6:9]            #元组的访问
print("第三季度:{}".format(Quarter_3))
Max_Income = max(Quarter_3)
Max_Income_Index = Quarter_3.index(Max_Income) +7
Min_Income = min(Quarter_3)
Min_Income_Index = Quarter_3.index(Min_Income) +7
print("""
总收入:{}
{}月收入最高:{}
{}月收入最低:{}
""".format(sum(Tuple_19),Max_Income_Index,\
Max_Income,Min_Income_Index,Min_Income))
A公司第三季度总结
```

运行结果如图 5-12 所示。

第三季度：（13.3，13.6，13.9）

A 公司第三季度总结

总收入：156.9

9 月收入最高：13.9

7 月收入最低：13.3

图 5 – 12　第三季度财务总结运行结果图

二、简单财务管理功能（二）

由于财务人员失误，将最后一个月的收入记录错误，信息如表 5 – 22 所示。现需完成以下业务：

（1）将 11 月记录 14.0 万元重复输入一次，现需在原来元组上修改为新数据，即 12 月收入为 15.2 万元）。

参考代码如下：

```
Income_19 = [11.5,11.8,12.3,12.5,12.8,13.0,13.3,13.6,13.9,\
14.2,14.0,14.0]
Tuple_19 = tuple(Income_19)
print("修改前:{}".format(Tuple_19))
Tuple_19_new = Tuple_19[:11] + tuple([15.2])
print("修改后:{}".format(Tuple_19_new))
```

运行结果如图 5 – 13 所示。

修改前：(11.5, 11.8, 12.3, 12.5, 12.8, 13.0, 13.3, 13.6, 13.9, 14.2, 14.0, 14.0)

修改后：(11.5, 11.8, 12.3, 12.5, 12.8, 13.0, 13.3, 13.6, 13.9, 14.2, 14.0, 15.2)

图 5 – 13　财务记录修改运行结果图

（2）计算 2019 年的平均月收入（结果精确到分）。

参考代码如下：

```
Tuple_19_new = [11.5,11.8,12.3,12.5,12.8,13.0,13.3,\
13.6,13.9,14.2,14.0,15.2]
Income_Sum = sum(Tuple_19_new)
print("总收入:{}".format(Income_Sum))
average_income = Income_Sum/len(Tuple_19_new)
print("平均月收入:% .6f"% average_income)
```

运行结果如图 5 – 14 所示。

总收入：158.1

平均月收入：13.175000

图 5 – 14　2019 年公司平均月收入运行结果图

三、简单商品类别数据分析（一）

现有某集团下属三家经营百货的分公司的出售数据，如表 5 – 23 所示，对各自出售的商品进行数据分析。

表 5 – 23　百货公司商品、价格和销售量数据

分公司	商品						
甲公司	A	B	C	D			
乙公司		B		D	E	F	
丙公司				D		F	G	H

现需完成以下业务需求：①将三家分公司销售的商品组成集合；②统计三家分公司共同销售的商品；③统计三家分公司一共销售商品的种类；④分别统计甲公司与乙公司、乙公司与丙公司共同销售的商品以及总共销售商品的种类。

参考代码如下：

```
#甲公司销售商品
corporation_a = {'A','B','C','D'}
#乙公司销售商品
corporation_b = {'B','D','E','F'}
#丙公司销售商品
corporation_c = {'D','F','G','H'}
print('三家分公司销售的商品组成集合:% s'% \
(corporation_a |corporation_b |corporation_c))
print('三家分公司共同销售的商品:% s'% \
(corporation_a&corporation_b&corporation_c))
print('甲公司与乙公司共同销售的商品:% s'% \
(corporation_a&corporation_b))
print('甲公司与乙公司总共销售的商品:% s'% \
(corporation_a |corporation_b))
print('乙公司与丙公司共同销售的商品:% s'% \
(corporation_b&corporation_c))
print('乙公司与丙公司总共销售的商品:% s'% \
(corporation_b |corporation_c))
```

运行结果如图 5 – 15 所示。

三家分公司销售的商品组成集合：{'F','A','B','D','G','H','C','E'}

三家分公司共同销售的商品：{'D'}

甲公司与乙公司共同销售的商品：{'D','B'}

甲公司与乙公司总共销售的商品：{'F','B','A','D','C','E'}

乙公司与丙公司共同销售的商品：{'D','F'}

乙公司与丙公司总共销售的商品：{'F','B','D','G','H','E'}

图 5-15　简单商品类别数据分析运行结果图

四、简单商品类别数据分析（二）

现集团需要增加各分公司销售商品的种类，需要增加的商品信息如表 5-24 所示。

表 5-24　各分公司需要增加的商品表

分公司	商品						
甲公司		G	H	I	J		
乙公司	F	G			J		M
丙公司			H	I		K	L

现需实现以下业务需求：①将增加商品添加到对应的集合中；②表 5-24 中存在新增商品与原商品相同情况（商品 F），请做好该业务的逻辑判断；③对甲公司与乙公司进行对比，判断甲公司哪些商品在乙公司没有销售，反之乙公司哪些商品在甲公司没有销售；④对乙公司与丙公司进行对比，判断乙公司哪些商品在丙公司没有销售，反之，丙公司哪些商品在乙公司没有销售；⑤对甲公司与丙公司进行对比，判断甲公司哪些商品在丙公司没有销售，反之，丙公司哪些商品在甲公司没有销售。

参考代码如下：

```
#甲公司原销售商品
corporation_a = {'A','B','C','D'}
#乙公司原销售商品
corporation_b = {'B','D','E','F'}
#丙公司原销售商品
corporation_c = {'D','F','G','H'}
#甲公司新增销售商品
corporation_a.update({'G','H','I','J'})
#乙公司新增销售商品
corporation_b.update({'F','G','J','M'})
#丙公司新增销售商品
corporation_c.update({'H','I','K','L'})
```

```
print('甲公司商品乙公司没有销售:% s'% (corporation_a – corporation_b))
print('乙公司商品甲公司没有销售:% s'% (corporation_b – corporation_a))
print('乙公司商品丙公司没有销售:% s'% (corporation_b – corporation_c))
print('丙公司商品乙公司没有销售:% s'% (corporation_c – corporation_b))
print('甲公司商品丙公司没有销售:% s'% (corporation_a – corporation_c))
print('丙公司商品甲公司没有销售:% s'% (corporation_c – corporation_a))
```

运行结果如图 5 – 16 所示。

甲公司商品乙公司没有销售：{'A','H','C','I'}

乙公司商品甲公司没有销售：{'E','F','M'}

乙公司商品丙公司没有销售：{'E','J','B','M'}

丙公司商品乙公司没有销售：{'I','H','K','L'}

甲公司商品丙公司没有销售：{'A','B','J','C'}

丙公司商品甲公司没有销售：{'K','F','L'}

图 5 – 16　简单商品类别数据分析运行结果图

拓展练习

1. 某企业财务人员在每年年终会对企业财务情况进行总结。以下是公司近三年（2017—2019 年）来每月的收入状况（单位：万元）。

```
Income_17 =(15.3,15.7,15.9,16.2,16.2,16.0,15.8,15.7,16.2,16.4,\
16.3,16.8)
Income_18 =(16.8,16.9,17.2,17.5,17.6,17.4,17.5,18.2,18.0,17.9,\
18.3,18.4)
Income_19 =(18.9,19.2,19.6,20.2,20.3,20.0,19.6,19.4,20.6,\
20.9,21.0,21.6)
```

请实现根据三年收入数据使用线性回归方程预测 2020 年收入，并采用元组存储方式。（线性回归方程计算公式：$\bar{y} = bx + a$，$\begin{cases} b = \dfrac{\sum\limits_{i=1}^{n}(xi - \bar{x})(yi - \bar{y})}{\sum\limits_{i=1}^{n}(xi - \bar{x})^2} \\ a = \bar{y} - b\bar{x} \end{cases}$）

2. 某公司产品部门有三个大组，每个大组又分两个小组，每个小组三人，由于部分成员负责多个产品管理，所以可能同时在多个小组工作，具体分组成员如表 5 – 25 所示。

表 5 – 25　分组情况

A 大组	1 小组	Diana	Kevin	Edith
	2 小组	Tracy	Vera	Steven
B 大组	1 小组	Hannah	Robert	Lucy
	2 小组	Bob	Ruby	Diana
C 大组	1 小组	Timothy	Judy	Hannah
	2 小组	Hans	Tracy	Bob

请根据需求完成以下业务：①将每个小组组成一个集合，每个大组组成一个列表；②找出同时在 A 大组和 C 大组工作的员工；③找出在 A 大组工作且不在 B 大组工作的员工。

应用与实践——

<table>
<tr><td colspan="2" align="center">*商业应用中的函数表达*</td></tr>
<tr><td>**课题内容：**</td><td>商业案例中的函数定义及使用
商业案例中的函数参数使用及嵌套
商业案例中的模块化设计及使用</td></tr>
<tr><td>**课题时间：**</td><td>10 课时</td></tr>
<tr><td>**教学目的：**</td><td>通过本章的学习，使学生掌握函数的定义和调用，并熟练运用函数的参数和返回值，理解函数的嵌套，了解匿名函数的使用方法，掌握局部变量和全局变量的作用域</td></tr>
<tr><td>**教学方式：**</td><td>以学生自主探究、合作探究及课堂活动分享为主，以教师讲述为辅，结合游戏的方式进行教学</td></tr>
<tr><td>**教学要求：**</td><td>1. 使学生掌握函数的定义和调用方法
2. 使学生熟悉函数的返回值和函数参数传递的过程
3. 使学生理解函数的嵌套
4. 使学生了解匿名函数
5. 使学生掌握局部变量和全局变量的区别和用法</td></tr>
</table>

第六章　商业应用中的函数表达

第一节　商业案例中的函数定义及使用

知识目标

1. 函数的定义与调用
2. 函数的返回值
3. 函数式编程
4. 匿名函数

案例讲解

1. 实现财务账本系统时间打印功能
2. 实现大学生 1 月生活费平均值及标准差统计
3. 改写"大学生 1 月生活费平均值及标准差统计"案例（一）
4. 改写"大学生 1 月生活费平均值及标准差统计"案例（二）

计算机英语

Econometrics 计量经济学

Mathematical economics 数理经济学

Model estimation 模型估计

Forecasting 预测

Function 函数

Reuse 复用

Modularization 模块化

Packaging 封装

Programming paradigm 编程范式

讲一讲

1. 函数是一段具有特定功能的、可重复使用的代码段，它能够提高程序的模块化和代码的复用率；函数与黑盒类似，对函数的使用不需要了解函数内部实现原理，只要了解函数的输入输出方式即可；函数是一种功能抽象，其使用目的是降低编程难度和代码重用；利用函数可将大问题化解为小问题，从而达到"分而治之"的效果，再将解决的小问题通过函数封装，组装起来解决大问题；同时，函数可以在一个程序中多个位置使用，也可以用于多个程序，当需要修改代码时，只需在函数中修改，所有调用位置的功能都更新，这种代码重用降低了代码行数和代码维护难度。

2. 在 Python 中，定义函数的一般形式为：

def ＜函数名＞（［形式参数列表]）：

　　＜函数体＞

其中，def 是定义函数关键字，函数名可以是任何有效的 Python 标识符；形式参数列表简称形参列表，是调用该函数时传递给它的值，可以有零个、一个或多个；当传递多个参数时各参数之间用逗号分隔；函数体是函数被调用时所执行的代码，由一行或多行语句组成。

定义函数时需要注意以下事项：

（1）即使该函数不需要接收任何参数，也必须保留圆括号；

（2）括号后面的冒号在函数中不能省略；

（3）函数体相对于 def 关键字必须保持一定的空格缩进。

3. 定义函数后，想要执行这一段具有特定功能的代码就需要对函数进行调用，调用函数的一般形式为：

　　　　＜函数名＞（［实际参数列表]）

其中，函数名与定义函数所使用的函数名相同；实际参数列表简称实参列表，在形参列表中给出要传入函数内部的具体值。

程序调用一个函数需要执行以下 4 个步骤：

（1）函数调用程序在调用处暂停执行；

（2）在调用时将实参复制给函数的形参；

（3）执行函数体语句；

（4）函数调用结束给出返回值，程序回到调用暂停处继续执行。

4. 函数除了可以直接输出数据外，还可以处理一些数据，并返回一个或一组值；函数返回的值被称为返回值。在 Python 中，函数使用 return 语句，因此定义带返回值函数的一般形式为：

def ＜函数名＞（［形参数列表]）：

　　＜函数体＞

　　return ＜返回值列表＞

其中，return 语句用来退出函数并将程序返回到函数被调用的位置继续执行；return 语句可以同时返回 0 个、1 个或多个结果给函数被调用处的变量。

5. 函数式编程是一种编程范式，常见的编程范式还包括命令式编程和面向对象编程等；函数式编程的主要思想是把程序过程尽量写成一系列函数调用，通过函数进一步提高封装级别；函数式编程通过使用一系列函数能够使代码编写更简洁、更易于理解，是中小规模软件项目中最常用的编程方式。

6. 关键字 lambda 用于定义一种特殊的函数——匿名函数；匿名函数并非没有名字，而是将函数名作为函数结果返回，其一般形式如下：

<函数名> = lambda <参数列表>：<表达式>

简而言之，lambda 函数用于定义简单的、能够在一行内表示的函数，结果返回一个函数类型；lambda 函数常用在临时需要一个类似于函数的功能，但又不想定义函数的场合。

创设情境

计量经济学是经济学的一个分支学科，于 20 世纪 20 年代末 30 年代初诞生，经过多年发展已在经济学科中占据极其重要的地位。一般认为，计量经济学涵盖了经济法则的经验确定，为基于数理经济学的模型提供经验证据及数值结果，承认了理论或假设的真实性，通过统计、模型估计与检验对假设进行验证，最后进行预测。就其方法论来说，涵盖了传统（先验的）、工具主义以及证伪的计量经济学三种方法论观点。

学习任务

请在课前理解和学习二维码中提供的资料。

码到成功

一、财务账本系统时间打印功能

本案例改写自第二章第三节案例三"企业财务账本系统的安全应用"——请获取财务账本系统中的当前时间，并格式化输出业务需求，以展示自定义函数的使用方法，并请读者对比两段代码的不同表达。

参考代码如下：

```
importtime
#用户自定义函数
def print_time(time_format ='% Y - % m - % d% H:% M:% S'):
    #获取系统的年月日时分秒
    localtime =time.localtime(time.time())
    #生成固定格式的时间表示格式
    print("本地时间为:",time.strftime(time_format,localtime))
print_time()
```

运行结果如图 6 - 1 所示。

本地时间为：2020-03-21 11:51:53

图 6 - 1　打印运行日志运行结果

二、大学生 1 月生活费平均值及标准差统计

本案例改写第五章第一节案例三"大学生 1 月生活费水平基本统计值计算"——利用表 5 - 7 中数据计算该 20 位学生 1 月生活费的算术平均值和标准差，以展示多个自定义函数的使用方法，并请读者对比两段代码的不同表达。

参考代码如下：

```
def getAverage(data):              #用户自定义函数/平均值计算函数
    total =0
    for item in data:
        total + = item
    average =total/len(data)        #计算平均值
    return average
def getSquaredError(data):          #用户自定义函数/标准差计算函数
    difference =0
    average =getAverage(data)
for item in data:                   #计算标准差
        difference + = (item - average) ** 2
    squared_error = (difference/(len(data) - 1)) ** 0.5
    return squared_error
```

```
#创建列表
data = [450,350,450,550,650,700,150,350,550,650,450,350,450,\
550,150,700,150,350,350,450]
print('大学生1月生活费平均值:% .2f'% getAverage(data))
print('大学生1月生活费标准差:% .2f'% getSquaredError(data))
```

运行结果如图 6－2 所示。

大学生1月生活费平均值：440.00
大学生1月生活费标准差：170.60

图 6－2 · 大学生 1 月生活费平均值及标准差统计运行结果

三、改写"大学生 1 月生活费平均值及标准差统计"案例（一）

本案例改写自本小节案例二，以展示函数式编程思想，且体验利用 return 返回多值的使用方法，请读者对比两段代码的不同表达。

参考代码如下：

```
#函数库引用/对参数序列中元素进行累积,返回一个数值
from functools import reduce
#定义高阶函数
def add(x,y):
    return x + y
def getStatistics(data):
    total = reduce(add,data)            #序列求和
    average = total/len(data)           #计算平均值
    #计算标准差
    for item in data:
        difference + = (item - average) **2
    squared_error = (difference/(len(data) -1)) **0.5
    #元组:可以包含多个数据,因此可以使用元组实现函数一次返回多个值
    #return(average,squared_error)
    #如果函数返回的类型是元组,小括号可以省略
    return average,squared_error
```

```
#创建列表
data = [450,350,450,550,650,700,150,350,550,650,450,\
350,450,550,150,700,150,350,350,450]
average,squared_error = getStatistics(data)
print('大学生1月生活费平均值:% .2f'% average)
print('大学生1月生活费标准差:% .2f'% squared_error)
    difference = 0
```

运行结果如图6-3所示。

大学生1月生活费平均值：440.00
大学生1月生活费标准差：170.60

图6-3　改写案例（一）运行结果

四、改写 "大学生1月生活费平均值及标准差统计" 案例（二）

本案例改写自本小节案例二，以展示匿名函数的使用方法，请读者对比两段代码的不同表达。

参考代码如下：

```
from functools import reduce        #对参数序列中的元素进行累积,返回
一个数值
def getStatistics(data):
    total = reduce(lambda x,y:x + y,data)    #匿名函数/序列求和
    average = total/len(data)                #计算平均值
    #匿名函数/计算标准差/序列的每一个元素与平均值求差的平方,再求和
    difference = reduce(lambda x,y:x + y,map\
    (lambda x:(x - average) * *2,data))
squared_error = (difference/(len(data) - 1)) * *0.5
    #元组:可以包含多个数据,因此可以使用元组让函数一次返回多个值
    #return(average,squared_error)
    #如果函数返回的类型是元组,小括号可以省略
    return average,squared_error
#创建列表
data = [450,350,450,550,650,700,150,350,550,650,450,\
350,450,550,150,700,150,350,350,450]
average,squared_error = getStatistics(data)
```

```
print('大学生1月生活费平均值:% .2f'% average)
print('大学生1月生活费标准差:% .2f'% squared_error)
```

运行结果如图 6 – 4 所示。

大学生1月生活费平均值：440.00
大学生1月生活费标准差：170.60

图 6 – 4　改写案例（二）运行结果

拓展练习

某企业研究与发展经费与利润的数据如表 6 – 1 所示，请分析企业研究和发展经费与利润额的相关关系，并作回归分析。

表 6 – 1　企业研究和发展经费与利润额的相关关系

年份	1995	1996	1997	1998	1999	2000	2001	2002	2003
研究与发展经费	10	10	8	8	8	12	12	12	11
利润额	100	150	200	180	250	300	280	310	300

第二节　商业案例中的函数参数使用及嵌套

知识目标

1. 实参与形参
2. 参数类型
3. 函数的嵌套
4. 变量的作用域

案例讲解

1. 实现企业年会抽奖小游戏功能
2. 改写"企业年会抽奖小游戏"案例
3. 实现市场销售差异分析功能
4. 改写"市场销售差异分析"案例

计算机英语

Audit 审计

Review 审核

Supervision 监督

Commission 委托

Authorization 授权

Macro – control 宏观调控

Parameter 参数

Recursion 递归

Nesting 嵌套

讲一讲

1. 定义函数时，圆括号内是使用逗号分隔的形参列表，调用函数时向其传递实参，根据不同的参数类型，将实参的值或引用传递给形参；在 Python 中，参数的类型可分为固定数据类型（如整数、浮点数、字符串、元组等）和可变数据类型（如列表、字典、集合等）。当参数类型为固定数据类型时，在函数内部直接修改形参的值且不会影响实参；当参数类型为可变数据类型时，在函数内部使用下标或其他方式为其增加、删除或修改元素值时，修改后的结果可以反映到函数之外，即实参也会相应地修改。

2. 在 Python 中，有多种参数类型，如表6 – 2 所示。

表6 – 2　多种参数类型介绍

类型	说明
位置参数	该参数比较常用，调用函数时，实参和形参的顺序必须严格一致，且实参和形参的数量必须相同
默认值参数	在定义函数时，可为函数参数设置默认值。在调用带有默认值参数的函数时，可不用为设置了默认值的形参进行传值，此时函数将会直接使用函数定义时设置的默认值，也可通过显示赋值来替换其默认值，一般语法格式如下： def < 函数名 > （…，形参名 = 默认值）： 　< 函数体 >
关键字参数	该参数是指调用函数时的参数传递方式，是一种按参数名字传递值的方式。使用关键字参数传值时，允许函数调用时参数的顺序与定义时参数的顺序不一致，Python 解释器能够用参数名匹配参数值

续表

类型	说明
不定长参数	若希望函数能够处理比定义时更多的参数，可在函数中使用不定长参数，一般语法格式如下： def <函数名> （［形参列表］ * args, ** kwargs）： <函数体> 其中，"* args"和"** kwargs"为不定长参数，前者用来接收任意多个实参并将其放在一个元组中，后者用来接收类似于关键字参数的显示赋值形式的多个实参并将其放入字典中

3. Python 允许函数的嵌套定义，即在函数内部可以再定义另外一个函数；Python 也允许在一个函数中调用另外一个函数，这就是函数的嵌套调用；Python 还支持函数的递归调用，所谓递归就是函数直接或间接调用其本身；直接递归调用是在调用 f 函数的过程中，又调用 f 函数本身，如图 6－5 所示；间接递归调用是在调用 f 函数的过程中要调用 f1 函数，而在调用 f1 函数的过程中又要调用 f 函数，如图 6－6 所示。

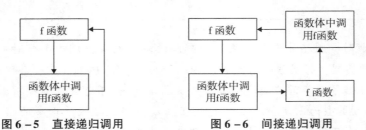

图 6－5　直接递归调用　　　　　图 6－6　间接递归调用

4. 当一个程序中包含多个函数时，可以在各函数中分别定义变量；根据作用域的不同，可将变量分为局部变量和全局变量两种类型；局部变量指定义在函数内的变量，只能在函数内使用，与函数外具有相同名称的其他变量没有任何关系；不同函数中，可以使用相同名称的局部变量，其代表的是不同对象，互不干扰；函数的形参属于局部变量；在函数之外定义的变量称为全局变量，全局变量在整个程序范围内有效。

5. 当内部作用域想使用外部作用域变量时，可使用 global 和 nonlocal 关键字声明，如表 6－3 所示。

表 6－3　global 和 nonlocal 关键字使用说明

关键字	说明
global	在函数内部声明一个变量可作用于函数外时，须使用 global 关键字明确声明，此方式分为两种情况： （1）一个变量已在函数外定义，如果在函数内需要使用该变量的值或修改该变量的值，并将修改结果反映到函数外，可以在函数内用关键字 global 明确声明； （2）在函数内部直接使用 global 关键字将一个变量声明为全局变量，如果在函数外没有定义该全局变量，在调用该函数后，会创建新的全局变量。
nonlocal	在一个嵌套的函数中修改嵌套作用域中的变量，须使用 nonlocal 关键字声明。

6. Python 函数对变量的作用域遵守以下原则：

（1）简单数据类型变量无论是否与全局变量重名，仅在函数内部创建和使用，函数退出后变量被释放，如有全局同名变量，其值不变；

（2）简单数据类型变量在用 global 关键字声明后，作为全局变量使用，函数退出后该变量保留被函数改变的值；

（3）对于组合数据类型的全局变量，如果在函数内部没有被真实的创建同名变量，则函数内部可以直接使用并修改全局变量的值；

（4）如果函数内部真实创建了组合数据类型变量，无论是否有同名全局变量，函数仅对局部变量进行操作，函数退出后局部变量被释放，全局变量值不变。

创设情境

审计是保证科学决策、有效运营的一种机制。世界经济的发展史越来越证明，没有审计对经济活动合法性的监督，徇私舞弊将无法遏制；没有审计对经济管理有效性的评价，企业成长可能无法持续。审计是由专职机构或专业人员接受委托或根据授权，依法对被审计单位在一定时期经济活动的有关资料，按照有关法规和标准进行审核检查、收集和整理证据，以判明有关资料合法性、公允性、一贯性和经济活动的合规性、效益性，并出具审计报告的具有独立性的经济监督、评价与鉴证活动，借以维护财经法纪，改善经营管理，提高经济效益，促进宏观调控的独立性经济监督活动。

学习任务

请在课前理解和学习二维码中提供的资料。

码到成功

一、企业年会抽奖小游戏

本案例改写自第二章第三节案例二"企业年会上的小游戏"——企业在元旦晚会上向每位参会员工发放了一个标记数字的入场券，总共 240 张，现场需要从中随机抽取 5 个数字，并对持有该数字者发放奖励，案例使用函数式编程实现，以展示函数默认值参数使用方法，请读者对比两段代码的不同表达。

参考代码如下：

```
import random   #库函数的引用
def getLuckMember(number =5):           #带默认参数的自定义函数
    for i in range(number):
        print("第{}名幸运数字:{}".format(i,random.randint(1,240)))
try:        #异常检测和处理
    number = int(input("请输入抽取的幸运观众数:"))
    getLuckMember(number)
except ValueError:
    getLuckMember()
```

运行结果如图 6 −7 所示。

```
请输入抽取的幸运观众数:
第1名幸运数字:92
第2名幸运数字:223
第3名幸运数字:228
第4名幸运数字:238
第5名幸运数字:229
```

图 6 −7   企业年会抽奖小游戏案例运行结果

二、改写"企业年会抽奖小游戏"案例

本案例改写自本小节案例一，以展示函数关键字参数使用方法，请读者对比两段代码的不同表达。

参考代码如下：

```
import random           #库函数的引用
def getLuckMember(number =5,total =240):           #带关键字参数的自定义
函数
    for i in range(number):
        print("第{}名幸运数字:{}".format(i +1,\
        random.randint(1,total)))
getLuckMember(2,10)                #抽取在数字1~10之间两个幸运数字
print(" = = = = = = =")
getLuckMember(total =10,number =2) #调用参数的顺序与定义时不同
print(" = = = = = = =")
getLuckMember(number =1)           #只书写部分参数,没有涉及的参数使用默认值
```

运行结果如图 6 −8 所示。

第1名幸运数字：6
第2名幸运数字：6
=======
第1名幸运数字：10
第2名幸运数字：5
=======
第1名幸运数字：186

图 6 – 8　改写"企业年会抽奖小游戏"案例运行结果

三、市场销售差异分析

本案例改写自第五章第二节案例二"不同品牌同类产品的市场销售差异分析"——为了解 A 和 B 两大品牌的同类产品的市场销售情况，对某地区 10 家百货商店进行调查，得到 2019 年度这两个品牌同类产品的有关销售数据信息，如表 5 – 15 所示，使用函数式编程实现，以展示函数嵌套的使用方法，请读者对比两段代码的不同表达。

参考代码如下：

```
from functools import reduce
data =[
    {'name':'商店 1','A':781,'B':744},{'name':'商店 2','A':577,'B':527},
    {'name':'商店 3','A':560,'B':374},{'name':'商店 4','A':552,'B':518},
    {'name':'商店 5','A':470,'B':289},{'name':'商店 6','A':451,'B':264},
    {'name':'商店 7','A':437,'B':352},{'name':'商店 8','A':400,'B':312},
    {'name':'商店 9','A':391,'B':329},{'name':'商店 10','A':378,'B':285}
]
def getStatistics(data):
    def add(x,y):               #函数的嵌套
    return x +y
    average_a = reduce(add,map(lambdax:x['A'],data))/10
    average_b = reduce(add,map(lambdax:x['B'],data))/10
  difference_a = reduce(add,map \
  (lambdax:(x['A'] – average_a) * *2,data))
    difference_b = reduce(
add,map(lambdax:(x['B'] – average_b) * *2,data))
    squared_error_a =(difference_a/10) * *0.5
    squared_error_b =(difference_b/10) * *0.5
    returnaverage_a,average_b,squared_error_a,\
    squared_error_b
average_a,average_b,squared_error_a,\
squared_error_b = getStatistics(data)
```

```
print('A 品牌商品的平均销售额:% s'% average_a)
print('B 品牌商品的平均销售额:% s'% average_b)
print('A 品牌商品的标准差:% .4f'% squared_error_a)
print('B 品牌商品的标准差:% .4f'% squared_error_b)
print('A 品牌商品的标准差系数:% .2f% % '% \
(squared_error_a/average_a*100))
print('B 品牌商品的标准差系数:% .2f% % '% \
(squared_error_b/average_b*100))
```

运行结果如图 6-9 所示。

A品牌商品的平均销售额：499.7
B品牌商品的平均销售额：399.4
A品牌商品的标准差：116.2876
B品牌商品的标准差：144.2887
A品牌商品的标准差系数：23.27%
B品牌商品的标准差系数：36.13%

图 6-9　市场销售差异分析案例运行结果

四、改写 "市场销售差异分析" 案例

本案例改写自本小节案例三，以展示函数作用域的使用方法，请读者对比两段代码的不同表达。

参考代码如下：

```
from functools import reduce
data = [
    {'name':'商店 1','A':781,'B':744}, \
    {'name':'商店 2','A':577,'B':527},
    {'name':'商店 3','A':560,'B':374}, \
    {'name':'商店 4','A':552,'B':518},
    {'name':'商店 5','A':470,'B':289}, \
    {'name':'商店 6','A':451,'B':264},
    {'name':'商店 7','A':437,'B':352}, \
    {'name':'商店 8','A':400,'B':312},
    {'name':'商店 9','A':391,'B':329}, \
    {'name':'商店 10','A':378,'B':285}
]
average_a = average_b = squared_error_a = squared_error_b = 0
def getStatistics(data):
```

```
    global average_a,average_b,squared_error_a,squared_error_b
    #函数作用域
def add(x,y):
        return x+y
average_a = reduce(add,map(lambda x:x['A'],data))/10
    average_b = reduce(add,map(lambda x:x['B'],data))/10
    difference_a = reduce(add,map(lambda x:\
    (x['A'] - average_a)**2,data))
    difference_b = reduce(add,map(lambda x:\
    (x['B'] - average_b)**2,data))
    squared_error_a = (difference_a/10)**0.5
    squared_error_b = (difference_b/10)**0.5
getStatistics(data)
print('A品牌商品的平均销售额:% s'% average_a)
print('B品牌商品的平均销售额:% s'% average_b)
print('A品牌商品的标准差:% .4f'% squared_error_a)
print('B品牌商品的标准差:% .4f'% squared_error_b)
print('A品牌商品的标准差系数:% .2f% %'% \
(squared_error_a/average_a*100))
print('B品牌商品的标准差系数:% .2f% %'% \
(squared_error_b/average_b*100))
```

运行结果如图6-10所示。

A品牌商品的平均销售额：499.7
B品牌商品的平均销售额：399.4
A品牌商品的标准差：116.2876
B品牌商品的标准差：144.2887
A品牌商品的标准差系数：23.27%
B品牌商品的标准差系数：36.13%

图6-10　改写"市场销售差异分析"案例运行结果

拓展练习

　　审计抽样是指审计人员先对特定审计对象总体抽取部分样本进行审查，然后以其审查结果来推断总体正确性的方法。在控制测试中使用抽样审计可以分为样本设计、选取样本和评价样本结果三个阶段。在评价样本结果阶段，传统变量抽样中的比率估计抽样是这样描述的：比率估计抽样是指以样本的实际金额与账面金额之间的比率关系来估计总体实际金额与账面金额之间的比率关系，然后再以这个比率去乘以总体的账面金额，从而求出估计的总体实际金额的一种抽样方法。其计算公式为：

$$比率 = 样本审定金额/样本账面金额$$
$$估计的总体实际金额 = 总体账面金额 \times 比率$$
$$推断的总体错报 = 估计的总体实际金额 - 总体账面金额$$

请利用本节所学函数知识完成以下业务需求：

注册会计师从总体规模为 1000 个的存货项目中选取 200 个项目进行检查。总体账面金额为 1240000 元。注册会计师逐一比较 200 个样本项目的审定金额 212000 元和样本账面金额 228000 元。请实现其总体错报的计算功能。

第三节　商业案例中的模块化设计及使用

知识目标

1. 代码复用
2. 模块化设计
3. 模块的使用

案例讲解

1. 实现显示投资金行信息功能
2. 改写"显示投资金行信息"案例
3. 实现新进员工 id 号查询功能
4. 改写"新进员工 id 号查询"案例

计算机英语

Market research 市场调查

Marketing 市场营销

Place 渠道

Promotion 促销

Abstraction 抽象

Modular design 模块化设计

Coupling 耦合

Import 导入

讲一讲

1. 当代编程语言从代码层面采用函数和对象两种抽象方式，分别对应面向过程和面向对象编程思想；函数是程序的一种基本抽象方式，将一系列代码组织起来通过其命名供其他程序使用；函数封装的直接好处是代码复用，且当更新函数功能时，所有被调用的功能都被更新；面向过程是一种以过程描述为主要方法的编程方式，是一种基本且自然的程序设计方法，函数通过将步骤或子功能封装实现代码复用并简化程序设计难度。

2. 对象是程序的一种高级抽象，将程序代码组织为更高级别的类；对象包括代表对象特征的属性和代表对象操作的方法；在程序设计中，如果 <a> 代表对象，获取其属性 <b> 采用 <a>.<b> 实现，调用其方法 <c> 采用 <a>.<c>（　　）实现；对象的方法具有程序功能性，因此采用函数形式封装；对象是程序拟解决计算问题的一个高级别抽象，包括一组静态值和一组函数。

3. 面向过程和面向对象只是编程方式不同、抽象级别不同，所有面向对象编程能实现的功能采用面向过程同样能实现，两者在解决问题上不存在优劣之分。

4. 程序长度在百行以上，如果不划分模块，程序的可读性很差；解决这一问题的方法是将一个程序分隔成短小的程序段，每一段程序完成一个小的功能；无论面向过程还是面向对象编程，对程序合理划分功能模块并基于模块设计程序是一种常用方法，被称为"模块化设计"；该方式通过函数或对象的封装功能将程序划分成主程序、子程序以及子程序间关系的表达。

5. 模块化设计是使用函数和对象来设计程序的思考方法，以功能块为基本单位，一般有以下两个基本要求：

（1）紧耦合：尽可能合理划分功能块，使功能块内部耦合度高；

（2）松耦合：模块间关系尽可能简单，使功能块之间耦合度低。

一般来说，完成特定功能或被经常复用的一组语句应该采用函数来封装，并尽可能减少函数间参数和返回值的数量。

6. 在 Python 中导入某个模块的方法，如表 6-4 所示，在 Python 中，每个 Python 文件都可以作为一个模块，模块的名字就是文件名。

表 6-4　导入模块方法列表

方法	一般格式	说明
导入整个模块	import <模块名>［as 别名］ 引用格式：<模块名>.<函数名>	由于在多个模块中可能存在名称相同的函数，因此需要加上模块名来进行区分； 当模块名很长时，可为导入的模块设置别名，引用格式：<别名>.<函数名>

续表

方法	一般格式	说明
导入特定函数	from <模块名> import <函数名> [as 别名]	对只需要用到模块中的某个函数时，采用此方式；此方式可以减少查询次数，提高访问速度，同时可以减少程序员需要输入的代码量
导入模块中所有函数	from <模块名> import *	使用"*"可以一次性导入模块中所有内容；不推荐使用该方式，会降低代码可读性，导致命名空间混乱
绝对导入	import <模块名> . <函数名> from <模块名> import <函数名>	Python 相对导入与绝对导入，这两个概念是相对于包内导入而言的，包内导入即是将包内的模块导入包内部的模块
相对导入	from extend import <函数名>	extend 进行相对导入，被导入的模块应放于 extend 文件夹下，执行导入的模块与 extend 同文件

创设情境

　　市场调查是企业获取市场消息的重要途径，是市场研究工作的必要手段之一，是科学的市场预测及理性经营决策的基础和前提。狭义的市场调查是指只针对消费者所做的调查，调查内容主要包括消费者购买力大小、购买商品的数量、动机、使用商品的情况等。广义的市场调查是指对产品从生产、流通到消费领域所做的调查，调查内容除了包括对消费者的调查外，还包括产品的定价、包装、运输、销售环境、销售渠道、广告调查等。市场调查的主要作用是为企业决策提供客观依据，有利于企业发现市场机会，开拓新市场，有利于准确地对产品进行市场定位，有利于改善企业的经营管理水平。

学习任务

　　请在课前理解和学习二维码中提供的资料。

码到成功

一、显示投资金行信息功能

本案例改写自第四章第三节案例一"筛选投资金行公司信息功能"——近几年黄金

价格持续上涨，购买黄金成为一种不错的投资方式。某客户近期准备投资黄金，需了解市场上有哪些投资金行，请实现打印投资金行公司名称及黄金价格，并筛选出最便宜的黄金进行购买，使用模块化编程思想实现，以展示模块化导入整个模块程序编写的使用方法，请读者对比两段代码的不同表达。

参考代码如下：

```
#定义名为"util.py"的 Python 文件,作为一个模块
def get_min_gold_info(data):
    min_shop = min(data,key = lambdax:x['price'])
    min_shop_name = min_shop['price']
    min_shop_price = min_shop['shop']
    return min_shop_name,min_shop_price
#定义名为"main.py"的 Python 文件,作为主程序运行
import util as ut          #导入整个自定义模块/模块取别名
List =[{'shop':'A 金行','price':360},
       {'shop':'B 金行','price':356},
       {'shop':'C 金行','price':354},
       {'shop':'D 金行','price':358}]
name,price = ut.get_min_gold_info(List)
print("本日最低金行:",name)
print("本日最低金价:",price)
```

运行结果如图6－11所示。

本日最低金行：354
本日最低金价：C金行

图6－11　显示投资金行信息案例运行结果

二、改写"显示投资金行信息"案例

本案例改写自本小节案例一，以展示使用模块化编程思想中相对导入的使用方法，请读者对比两段代码的不同表达。

参考代码如下：

```
#util.py
def get_min_gold_info(data):
    min_shop = min(data,key = lambdax:x['price'])
    min_shop_name = min_shop['price']
    min_shop_price = min_shop['shop']
    return min_shop_name,min_shop_price
#main.py
from extend import util          #模块的相对导入
List = [{'shop':'A 金行','price':360},
        {'shop':'B 金行','price':356},
        {'shop':'C 金行','price':354},
        {'shop':'D 金行','price':358}]
name,price = util.get_min_gold_info(List)
print("本日最低金行:",name)
print("本日最低金价:",price)
```

运行结果如图 6－12 所示。

本日最低金行: 354
本日最低金价: C金行

图 6－12 改写"显示投资金行信息"案例运行结果

三、新进员工 id 号查询功能

本案例改写自第三章第二节案例四"人力资源管理系统对新进员工的简单管理功能"——输入一个员工 id 号，判断该员工 id 号是否为新进员工 id 号，使用模块化编程思想实现，以展示模块化导入特定函数的使用方法，请读者对比两段代码的不同表达。

参考代码如下:

```
#util.py
id_list = 'D1s85v3 - S4v1G2s - 2d5Gs3a - 4765dfsd - \
          Hj4jR21 - 65p6iyb - 418d4sf - \
          sd4f652 - 21D85T - D41f56 - 8d46s56 - dyhju47 - 546GS6b - \
          s56dhfg - 6f564df - P4865tg'
def is_new_employee(input_id):          #自定义函数
    if input_id.isalnum():   #isalnum()检测字符串是否由字母和数字组成
        return'新进员工'if id_list.find(input_id)! = \
          -1else'非新进员工'   #find()查找子串
```

```
    else:
        return'输入id格式不正确。'
#main.py
from util import is_new_employee as is_new        #导入模块中特定函数
input_id = input('请输入一个需要查询的员工id号:')
print(is_new(input_id))
```

运行结果如图 6 – 13 所示。

请输入一个需要查询的员工id号：546GS6c
非新进员工

图 6 – 13　新进员工 id 号查询案例运行结果

四、改写"新进员工 id 号查询"案例

本案例改写自本小节案例三，以展示模块化导入所有函数的使用方法，请读者对比两段代码的不同表达。

参考代码如下：

```
#util.py
id_list ='D1s85v3 – S4v1G2s – 2d5Gs3a – 4765dfsd – \
Hj4jR21 – 65p6iyb – 418d4sf – \
sd4f652 – 21D85T – D41f56 – 8d46s56 – dyhju47 – \
546GS6b – s56dhfg – 6f564df – P4865tg'
def is_new_employee(input_id):
if input_id.isalnum():    #isalnum()检测字符串是否由字母和数字组成
        return'新进员工'if id_list.find(input_id)! = \
        -1else'非新进员工'   #find()查找子串
    else:
        return'输入id格式不正确。'
#main.py
from util import *          #导入模块中所有函数
input_id = input('请输入一个需要查询的员工id号:')
print(is_new_employee(input_id))
```

运行结果如图 6 – 14 所示。

请输入一个需要查询的员工id号：2d5Gs3c
非新进员工

图 6 – 14　改写"新进员工 id 号查询"案例运行结果

拓展练习

商品或产品一般有使用寿命和经济寿命之分。商品的使用寿命又称自然寿命，是指商品的使用期限，即商品从投入使用开始到损坏报废为止所经历的时间。商品的经济寿命又称市场寿命，是指一种商品投入市场开始到被市场淘汰为止所经历的时间，该寿命是与商品的更新换代相联系。商品销售状况判断法是根据商品销售变化过程的趋势来判断商品经济寿命周期所处的阶段，并对未来的市场前景作出预测。表 6-5 为某地 1997—2019 年电视机零售量，试预测其 2020 年的销售量。（请采用近 5 年的加权平均值进行预测，2015—2019 年权数分别为 1—5）

表 6-5　某地 1997—2019 年电视机零售量　　　　　　　　　　　　单位：万台

年份	销售量	年份	销售量	年份	销售量	年份	销售量
1997	0.08	2003	1.05	2009	25.96	2015	105.14
1998	0.11	2004	3.02	2010	36.18	2016	98.22
1999	0.18	2005	4.82	2011	49.71	2017	86.56
2000	0.21	2006	8.46	2012	51.69	2018	80.44
2001	0.38	2007	14.81	2013	61.85	2019	82.13
2002	0.49	2008	18.19	2014	93.06		

应用与实践——

商业应用中的面向对象程序设计

课题内容： 商业系统中类的定义与使用

商业系统中类的封装及继承

商业系统中类的多态、类方法和静态方法

课题时间： 10 课时

教学目的： 通过本章的学习，使学生理解面向对象程序设计思想，掌握定义类和创建类的实例方法，掌握构造方法和析构方法，理解类成员和实例成员的区别，掌握面向对象的三个特征——封装、继承和多态，最后理解类方法和静态方法的概念

教学方式： 以学生自主探究、合作探究及课堂活动分享为主，以教师讲述为辅，结合游戏的方式进行教学

教学要求： 1. 使学生理解面向对象程序设计思想

2. 使学生掌握定义类和创建类的实例方法

3. 使学生掌握类中变量和方法的应用

4. 使学生掌握构造方法和析构方法的应用

5. 使学生理解类成员和实例成员的区别

6. 使学生掌握面向对象中的封装、继承和多态的应用

7. 使学生理解类方法和静态方法的概念

第七章 商业应用中的面向对象程序设计

第一节 商业系统中类的定义与使用

知识目标

1. 面向对象程序设计思想
2. 类的定义及创建类的对象
3. self 参数
4. 构造方法与析构方法
5. 类成员和实例成员

案例讲解

1. 实现年会小游戏——剪刀石头布功能
2. 改写"年会小游戏——剪刀石头布"案例
3. 实现产品原材料耗费计算
4. 改写"产品原材料耗费计算"案例

计算机英语

Object Oriented Programming 面向对象程序设计

Gross industrial output value 工业总产值

Object 对象

Instance 实例

Construction method 构造方法

Destructional method 析构方法

Index system 指标体系

Value of finished product 成品价值

Processing fee 加工费

Fixed assets 固定资产

讲一讲

1. 面向对象程序设计的思想主要针对大型软件设计而提出，使软件设计更加灵活，能够很好地支持代码复用和设计复用，且使代码具有很好的可读性和可扩展性；对象是程序的一种高级抽象方式，它将程序代码组织为更高级别的类；面向对象程序设计把软件系统中相似的操作逻辑、数据和状态以类的形式描述出来，以对象实例的形式在软件系统中复用，以达到提高软件开发效率的目的。

2. 在面向对象编程中，有两个重要概念，一个是对象，即某个具体存在的事物，另一个是类，即对一群具有相同特征和行为的事物统称；面向对象的程序设计思想是把事物的特征和行为包含在类中，其中，事物的特征作为类中的变量，事物的行为作为类的方法，而对象是类的一个实例；因此，要创建一个对象，需要先定义一个类，一般语法格式如下：

Class　＜类名＞：

　　＜类体＞

Python 使用 Class 关键字来定义类，Class 后跟类的名字，然后是冒号开始类，通过换行并定义类的内部实现。定义类时需要注意：

（1）类名的首字母一般需要大写；

（2）类体一般包括变量的定义和方法的定义；

（3）类体相对于 Class 关键字必须保持一定的空格缩进。

3. 程序需要完成具体的功能，还需要根据类来创建实例对象，创建对象的一般语法格式如下：

　　＜对象名＞＝＜类名＞（　）

创建完对象后，可以使用它来访问类中的变量和方法，具体操作方法是：

　　＜对象名＞．＜类中的变量名＞

　　＜对象名＞．＜方法名＞（［参数］）

4. 类的所有方法都至少必须有一个名为 self 的参数，并且必须是方法的第一个参数；在 Python 中，由同一个类可以生成无数个对象，当一个对象的方法被调用时，对象会将自身的引用作为第一个参数传递给该方法，那么 Python 就知道需要操作哪个对象的方法了；在类的方法中访问变量时，需要以 self 为前缀，但在外部通过对象名调用对象方法时则不需要传递该参数。

5. 构造方法的固定名称为_init_（　），当创建类的对象时，系统会自动调用构造方法，从而实现对对象进行初始化的操作；当需要删除一个对象来释放类所占资源时，Python 解释器会调用另外一个方法，这个方法就是析构方法；析构方法的固定名称为_del_（　），程序结束时会自动调用该方法，也可以使用 del 语句手动调用该方法删除对象。

6. 类中定义的变量又称为数据成员，或者叫广义上的属性；数据成员有两种：一个是实例成员（实例属性），另一个是类成员（类属性）；实例成员一般指在构造函数_init_（　）中定义的，定义和使用时必须以 self 作为前缀；类成员是在类中所有方法之外定义的数据成员；两者区别是：在主程序中，实例成员属于实例（即对象），只能通过对象名访问，而类成员属于类，可以通过类名或对象名访问；在类的方法中可以调用类本身的其他方法，也可以访问类成员以及实例成员。

创设情境

现代企业统计是以企业生产经营活动的数量方面为研究对象，通过一系列科学统计方法和统计指标体系，对企业生产经营活动中产生的有关数据进行收集、整理和分析，以达到对企业生产经营活动的本质与规律的认识，并参与企业管理。其主要研究的是企业生产经营活动中有关数据收集、整理和分析企业经济活动数量方面的统计方法论，涉及统计指标体系的设计。

现代企业统计的职能包括：信息职能、咨询职能、评价与监督职能，其中，提供信息的职能是最基本的，统计的咨询职能是对信息职能的延续和深化，而提供信息的最终目的是进一步通过数据间的横向和纵向比较，通过评价来监督企业生产经营活动的运行，促使企业经济健康、快速地发展，也就是说，提供信息的目的是监督。

现代企业统计的任务包括以下两点：

（1）为企业生产经营管理提供准确、全面、及时的统计信息，进行综合评价与诊断，参与企业管理决策。从总体上反映企业生产经营活动的过程和成果，提供与企业发展有关的同行业情况、市场供求信息和国内国际政治经济信息，为企业确定经济发展方向和发展模式、制订生产经营计划提出切实可行的咨询建议；从具体内容上反映和监督企业生产经营活动中各种投入要素之间的协调数量关系，反映产出成果的数量、质量以及适应社会需要的情况，反映企业投入产出相比较的经济效益，反映一定时间内企业新创造价值的分配等，为加强企业内部生产经营管理、减少消耗、降低成本、不断提高经济效益提出咨询建议。

（2）为国家宏观调控提供准确、全面、及时的统计信息资料。国民经济宏观信息、行业信息是在企业提供的统计信息的基础上综合汇总得到的，它是国家制定宏观经济政策的依据，同时，也是企业进行正确的经营决策和加强管理的重要参考信息。

学习任务

请在课前理解和学习二维码中提供的资料。

码到成功

案例一　年会小游戏——剪刀石头布

本案例改写自第二章第三节案例二"企业年会上的小游戏"——元旦年会上有个小游戏——剪刀石头布，AB双方各出一个手势，判断哪一方获胜，以展示面向对象程序设计方式的使用方法，请读者对比两段代码的不同表达。

参考代码如下：

```
import random
class Game:          #定义类
    def get_hand(self):
        return random.choice(['剪刀','石头','布'])
    def infer(self,a,b):
        if(a=='剪刀'and b=='布')or(a=='布'and b=='石头')or \
        (a=='石头'and b=='剪刀'):
            print("A 获胜")
        if(a=='剪刀'and b=='石头')or(a=='布'and b=='剪刀')or \
        (a=='石头'and b=='布'):
        print("B 获胜")
        if(a=='剪刀'and b=='剪刀')or(a=='布'and b=='布')or \
        (a=='石头'and b=='石头'):
            print("平局")
game=Game()
a=game.get_hand()
b=game.get_hand()
print("A 出{}".format(a))
print("B 出{}".format(b))
game.infer(a,b)
```

运行结果如图7-1所示。

```
A出    布
B出    剪刀
B获胜
```

图7-1　年会小游戏——剪刀石头布案例运行结果

案例二　改写"年会小游戏——剪刀石头布"案例

本案例改写自本小节案例一，以展示面向对象程序设计中用self来保存结果的使用方法，请读者对比两段代码的不同表达。

参考代码如下：

```
import random
class Game:
    def start(self):
        self.a = random.choice(['剪刀','石头','布'])    #实例成员
        self.b = random.choice(['剪刀','石头','布'])
        def result(self):
        print("A 出{}".format(self.a))
        print("B 出{}".format(self.b))
        if(self.a = ='剪刀'and self.b = ='布')or \
        (self.a = ='布'and self.b = ='石头')or \
          (self.a = ='石头'and self.b = ='剪刀'):
            print("A 获胜")
        if(self.a = ='剪刀'and self.b = ='石头')or(self.a = ='布'and
self.b = ='剪刀')or \
          (self.a = ='石头'and self.b = ='布'):
            print("B 获胜")
    if(self.a = ='剪刀'and self.b = ='剪刀')or \
    (self.a = ='布'and self.b = ='布')or \
      (self.a = ='石头'and self.b = ='石头'):
print("平局")
game = Game()
game.start()
game.result()
```

运行结果如图 7 – 2 所示。

```
A出　布
B出　剪刀
B获胜
```

图 7 – 2　改写"年会小游戏——剪刀石头布"案例运行结果

案例三　产品原材料耗费计算

本案例改写自第二章第三节案例一"企业生产运营销售相关经费计算"——该企业需要生产一批圆形材料，半径为 20cm，厚度为 5cm，已知该材料密度为 $7.9 \times 10^3 \text{kg/m}^3$，请计算每生产一个产品，需耗费多少千克的原材料，若产品半径、厚度、密度值改变，请重新计算。利用该案例以展示面向对象程序设计的构造方法和析构方法的使用方法，请读者对比两段代码的不同表达。

参考代码如下：

```
import math
class Factory:
    def__init__(self):              #构造函数
        print('- - >初始化')
        #产品半径,厚度,密度初始值
        self.radius,self.thickness,self.density＝0.2,0.05,7900
    def update(self,radius,thickness,density):
        #产品半径,厚度,密度值更新
self.radius,self.thickness,self.density＝\
radius,thickness,density
    def get_quality(self):
        area＝math.pi＊math.pow(self.radius,2)      #产品底面积计算
        volume＝area＊self.thickness      #产品体积计算
        quality＝volume＊self.density      #产品质量计算
        return quality
def__del__(self):      #析构函数
        print(" - - >释放资源")
factory＝Factory()
print("该产品单个质量:｛｝".format(factory.get_quality()))
factory.update(0.4,0.04,7000)      #修改后的产品半径、厚度、密度值
print("该产品单个质量:｛｝".format(factory.get_quality()))
del factory
```

运行结果如图 7 - 3 所示。

→ 初始化
该产品单个质量：49.63716392671874
该产品单个质量：140.74335088082276
→ 释放资源

图 7 - 3　产品原材料耗费计算案例运行结果

案例四　改写"产品原材料耗费计算"案例

本案例改写自本小节案例三，以展示类成员、实例成员的使用，如通过类成员获取对象初始值，通过实例成员获取类属性等用法，请读者对比两段代码的不同表达。

参考代码如下：

```
import math
class Factory：
    radius =1
    thickness =2
    density =3
    def__init__(self)：      #构造函数
        self.radius,self.thickness,self.density =0.2,0.05,7900
    def update(self,radius,thickness,density)：
    #产品半径,厚度,密度值更新
    self.radius,self.thickness,self.density = \
    radius,thickness,density
    def get_quality(self)：
        area =math.pi * math.pow(self.radius,2)      #产品底面积计算
        volume =area * self.thickness      #产品体积计算
        quality =volume * self.density      #产品质量计算
        return quality
def__del__(self)：      #析构函数
        print("－－>释放资源")
print("类属性产品半径:{},厚度:{},密度:{}".format(Factory.radius,\
Factory.thickness,Factory.density))      #实例成员获取属性
factory =Factory()
print("初始化产品半径:{},厚度:{},密度:{}".format(factory.radius,\
factory.thickness,factory.density))
print("该产品单个质量:{}".format(factory.get_quality()))
factory.update(0.4,0.04,7000)
print("修改产品半径:{},厚度:{},密度:{}".format(factory.radius,\
factory.thickness,factory.density))
print("该产品单个质量:{}".format(factory.get_quality()))
```

运行结果如图 7-4 所示。

> 类属性产品半径：1，厚度：2，密度：3
> → 初始化
> 初始化产品半径：0.2，厚度：0.05，密度：7900
> 该产品单个质量：49.63716392671874
> 修改产品半径：0.4，厚度：0.04，密度：7000
> 该产品单个质量：140.74335088082276
> → 释放资源

图 7-4 改写"产品原材料耗费计算"案例运行结果

拓展练习

工业总产值是工业企业在报告期内产生的，以货币表现的工业生产最终有效成果的价值总和，是反映一定时期内工业生产活动的总规模和总水平指标，是计算工业增加值的重要依据，包括三个部分内容：

（1）成品价值。

（2）对外加工费收入。

（3）自制半成品、在制品期末期初差额价值。

工业总产值 = 成品价值 + 对外加工费收入 + （自制半成品、在制品期末结存价值 − 自制半成品、在制品期初结存价值）

某电子厂 2019 年 1 月工业生产活动成果资料如下：

（1）生产某型号 POS 机 2500 台，其中，合格入库 2480 台，每台 800 元（不含销项税）已出售 2500 台，次品 20 台，已按销售现价七折出售。

（2）本厂生产的智能卡每张 15 元（不含销项税），月初库存 50000 张，本月生产 300000 张，已出售 330000 张，月末库存 20000 张。

（3）用订货者来料生产的智能卡 40000 张，每张收取 5 元（含税）加工费，共收不含销项税加工费 170940 元。

（4）本厂某种新型 POS 机试产成功，本年小批量投产 600 台，每台 1200 元（不含销项税），有 580 台验收合格并已入库。

（5）本厂自制专用设备 3 台，每台成本 3500 元，经验收合格并已转入固定资产账户。

（6）返修 POS 机 100 台，其中，保修期内返修的 POS 机有 30 台；保修期外返修的有 70 台，每台收取修理费 80 元。

（注：该企业会计上不计算期末期初结存半成品、在制品成本。）

要求计算：该企业 2019 年 1 月的工业总产值。

第二节　商业系统中类的封装及继承

知识目标

1. 封装

2. 单继承

3. 多继承

4. 重写方法与调用父类方法

案例讲解

1. 计算黄金投资持有时长
2. 改写"计算黄金投资持有时长"案例
3. 计算投资黄金客户收益
4. 改写"计算投资黄金客户收益"案例

计算机英语

Financial markets 金融市场

Bill 票据

Securities 证券

Financing 融资

Financed bonds 融券

Investors 投资人

Fundraiser 筹资人

Private 私有

Succession 继承

讲一讲

1. 封装是面向对象的特征之一，是对象和类概念的主要特征，其核心是把客观事物封装成抽象类，并规定类中的数据和方法只让可信的类或对象操作；封装分为两个层面：

(1) 创建类和对象时，分别创建两者的名称，只能通过类名或对象名加"."的方式访问内部的成员和方法；

(2) 类中把某些成员和方法隐藏起来，或定义为私有，只在类的内部使用，在类的外部无法访问，或留下少量的接口供外部访问。

在默认情况下，Python 中对象的数据成员和方法都是公开的，可以直接通过点操作符"."进行访问；为了实现更好的数据封装和保密性，可以将类中的数据成员和方法设置成私有的；Python 中私有化方法是在准备私有化的数据成员或方法名字前面加两个下划线"__"即可。

2. 在程序中，继承描述事物之间的从属关系；在设计一个新类时，如果可以继承已有且良好的类然后进行二次开发，则可以大幅度减少开发工作量，Python 的面向对象中提供继承概念，在继承关系中，已有的、设计好的类称为父类或基类，新设计的类称为子类或派生类。

3. 在 Python 中当一个子类有且只有一个父类时称为单继承；一般语法格式如下：

Class＜子类名＞（＜父类名＞）：

子类可以继承父类中所有公有成员和公有方法，但不能继承其私有成员和私有方法。

4. 多继承指一个子类可以有多个父类，它继承了多个父类的特性，在面向对象编程中可看作是对单继承的扩展，一般语法格式如下：

Class＜子类名＞（＜父类名 1，父类名 2，…＞）：

5. 在继承关系中，子类会自动继承父类中定义的方法，但如果父类中的方法功能不能满足需求，则可以在子类中重写父类的方法，即子类中的方法会覆盖父类中同名的方法，这个过程也称为方法的重载；若需要在子类中调用父类方法，可通过"父类名．方法名（　）"来实现。

创设情境

金融市场是指以金融商品为交易对象而形成的供求关系及其机制的总和。金融市场有广义和狭义之分。广义的金融市场包括所有的金融活动，既包括投资人和筹资人借助特定的金融工具直接交易的金融活动构成的直接金融市场，也包括以银行为中介的所有间接金融活动构成的间接金融市场。狭义的金融市场是指直接金融市场，包括同业拆借市场、票据市场、股票市场、债券市场、证券市场、外汇市场、黄金市场和期货市场。

金融市场的构成包括以下五大要素：

1. 金融市场主体：金融市场的交易者，包括个人与家庭、企业、政府、金融机构和中央银行五大类。

2. 金融市场客体：金融市场的交易对象，即金融工具；金融工具种类繁多，比如票据、证券等。

3. 金融市场媒体：在金融市场上充当交易媒介，从事交易或促使交易完成的组织、机构或个人。

4. 金融市场价格：通常表现为各种金融工具的价格，有时也可以通过利率来反映。

5. 金融市场监管：国家（政府）金融管理当局和有关自律性组织（机构）对金融市场的各类参与者及他们的融资、交易活动所做的各种规定以及对市场运行的组织、协调和监督措施及方法。

学习任务

请在课前理解和学习二维码中提供的资料。

码到成功

案例一　计算黄金投资持有时长

本案例改写自第四章第三节案例二"计算黄金投资回报率超过 20% 的持有时长"——客户经过一段时间的黄金投资研究，准备在某一较低价格时购入，随后每天观察黄金价格，直到回报率超过 20% 后售出，在不计算其他相关手续费的情况下，客户在 320 元/克时购入黄金 50 克，其价格在理想状态下每天每克上涨 0.5 元，请计算客户所购入黄金回报率超过 20% 需要多长时间，以展示封装的使用方法，请读者对比两段代码的不同表达。

参考代码如下：

```
class GlodShop:      #封装成抽象的类
    def__gain(self,gain):     #私有化方法
self.__gain = gain
    def init(self,price = 320,rate = 1.2,gain = 0.5):
        self.__price = price      #私有化数据成员
        self.__rate = rate
self.__gain(gain)
    def calcu(self):
        Purchase_price = self.__price
        Selling_price = self.__price * self.__rate
        Holding_days = 1
        while Purchase_price < Selling_price:
            Purchase_price + = self.__gain
            Holding_days + = 1
        print('客户在{}天后可以售出'.format(Holding_days))
glod_shop = GlodShop()
glod_shop.init()
glod_shop.calcu()
```

运行结果如图 7 - 5 所示。

客户在129天后可以售出

图 7 - 5　计算黄金投资持有时长案例运行结果

案例二　改写"计算黄金投资持有时长"案例

本案例改写自本小节案例一，以展示单继承的使用方法，请读者对比两段代码的不同表达。

参考代码如下：

```
class Data：      #父类
    price = 0
    rate = 0
    gain = 0
class GlodShop(Data):        #单继承子类
    def init(self,price = 320,rate = 1.2,gain = 0.5):
        Data.price = price
        Data.rate = rate
        Data.gain = gain
    def calcu(self):
        Purchase_price = Data.price
        Selling_price = Data.price * Data.rate
        Holding_days = 1
        while Purchase_price < Selling_price:
            Purchase_price + = Data.gain
            Holding_days + = 1
        print('客户在{}天后可以售出'.format(Holding_days))
glod_shop = GlodShop()
glod_shop.init()
glod_shop.calcu()
```

运行结果如图 7 - 6 所示。

客户在129天后可以售出

图 7 - 6 改写"计算黄金投资持有时长"案例运行结果

案例三 计算投资黄金客户收益

本案例改写自第四章第三节案例三"计算投资黄金 10 天后的客户收益"——若客户按照本小节案例二（第四章第三节案例二）中计划执行，但在第 10 天突然需要用钱，需从投资中取出，请计算客户所获得的收益，以展示多继承的使用方法，请读者对比两段代码的不同表达。

参考代码如下：

```
class Shop：      #父类/关于商店价格的数据
    price = 0
class Gold：      #父类/关于黄金的数据
    rate = 0
    gain = 0
class GlodShop(Shop,Gold)：    #多继承子类
    def init(self,price = 320,rate = 1.2,gain = 0.5)：
        Shop.price = price
        Gold.rate = rate
        Gold.gain = gain
    def calcu(self,day)：
    Purchase_price = Shop.price
        Selling_price = Shop.price * Gold.rate
        Holding_days = 1
        while Purchase_price < Selling_price：
            if Holding_days = = day：#嵌套结构
                break#跳转语句
Purchase_price + = Gold.gain
            Holding_days + = 1
        print('客户可获得收益为{}'.format((Purchase_price - 320) * 50))
glod_shop = GlodShop()
glod_shop.init()
glod_shop.calcu(10)
```

运行结果如图 7 - 7 所示。

客户可获得收益为225.0

图 7 - 7　计算投资黄金客户收益案例运行结果

案例四　改写"计算投资黄金客户收益"案例

本案例改写自本小节案例三，以展示重写方法与调用父类的使用方法，请读者对比两段代码的不同表达。

参考代码如下：

```
class Core:    #父类
    def calcu(self,day):
        print("投资期限天数为:{}天".format(day))
class Data:    #父类
    price = 0
    rate = 0
    gain = 0
    def update(self,price,rate,gain):
        self.price = price
self.rate = rate
self.gain = gain
class GlodShop(Core,Data):    #多继承子类
    def init(self,price = 320,rate = 1.2,gain = 0.5):
        Data.update(self,price,rate,gain)
    def calcu(self,day):    #重写父类
        Purchase_price = self.price
        Selling_price = self.price * self.rate

        Holding_days = 1
        while Purchase_price < Selling_ price:
          if Holding_days = = day:    #嵌套结构
            break    #跳转语句
          Purchase_price + = self.gain
          Holding_days + = 1
        print('客户可获得收益为{}'.format((Purchase_price - 320) * 50))
core = Core()
core.calcu(10)
glod_shop = GlodShop()
glod_shop.init()
glod_shop.calcu(10)
```

运行结果如图 7 - 8 所示。

投资期限天数为：10天
客户可获得收益为225.0

图 7 - 8　改写"计算投资黄金客户收益"案例运行结果

拓展练习

　　开放式基金的基金单位交易价格则取决于申购、赎回行为发生时尚未确知（但当日收市后即可计算并手下一个交易日公告）的基金单位资产净值。申购的基金单位数量、赎回金额计算公式如下：

　　　　认购价格＝基金单位面值＋认购费用

　　　　申购价格＝单位基金资产净值×（1＋申购费率）

　　　　申购单位数＝申购金额/申购价格

　　　　赎回价格＝单位基金资产净值×（1－赎回费率）

　　　　赎回金额＝赎回单位数×赎回价格

　　请实现以下业务：计算一位投资人有 500 万元用来申购开放式基金，假定申购的费率为 2%，单位基金资产净值为 1.5 元，申购价格为多少？申购单位数为多少？若另一位投资人要赎回 500 万份基金单位，假定赎回费率为 1%，单位基金资产净值为 1.5 元，赎回价格为多少？赎回金额为多少？

第三节　商业系统中类的多态、类方法和静态方法

知识目标

1. 多态
2. 类方法
3. 静态方法

案例讲解

1. 实现金融产品分类说明展示
2. 改写"金融产品分类说明"案例
3. 实现财务数据安全性设置功能
4. 改写"财务数据安全性设置"案例

计算机英语

Financial engineering 金融工程

Diagnosis 诊断

Analysis 分析

Generate　生产

Valuation　定价

Customize　修正

National debt　国债

Fund　基金

Stocks　股票

Insurance　保险

Futures　期货

Foreign exchange　外汇

创设情境

金融工程学是关于金融创新工具及其程序的设计、开发和运用并对解决金融问题的创造性方法进行程序化的学科，主要为投资人服务，其核心是金融工具的创新，其目的是创造价值。可将金融工程分为五个步骤：

1. 诊断：识别金融问题的实质和根源。

2. 分析：根据现有金融市场体制、金融技术和金融理论找出解决这个问题的最佳方法。

3. 生产：创造出一种新的金融工具，建立一种新型的金融服务，或者是两者结合。

4. 定价：通过各种方法决定这种新型金融工具或者金融服务的内在价值，并以高于这个价值的价格销售给客户。

5. 修正：针对客户的特殊需求，对基于工具和产品进行修正，使之更适合单个客户的需求。

学习任务

请在课前理解和学习二维码中提供的资料。

码到成功

案例一　金融产品分类说明

金融是以货币本身为经营标的、目的通过货币融通使货币增值的经济活动。常见的金融产品包括储蓄存款、国债、基金、股票、保险、期货、外汇等。其中，储蓄存款是社会公众将当期暂时不用的收入存入银行而形成的存款；国债是国家以其信用为基础，按照债券的一般原则，通过向社会发行债券筹集资金所形成的债权债务关系；基金广义是指为了某种目的而设立的具有一定数量的资金；股票是股份公司的所有权的一部分，也是发行的所有权凭证；保险是市场经济条件下风险管理的基本手段，是金融体系和社会保障体系的重要的支柱；期货以某种大众产品及金融资产为标的标准化可交易合约；外汇是货币行政当局以银行存款、财政部库券、长短期政府证券等形式保有的在国际收支逆差时可以使用的债权。请实现以上描述内容的显示，以展示多态的使用方法。

参考代码如下：

```python
class Finance:        #定义父类
    def describe(self):
        return'金融是以货币本身为经营标的、目的通过货币融通\
使货币增值的经济活动。'
class Savings(Finance):      #定义子类/基于父类的子类一
    def describe(self):
        return Finance.describe(self) +'储蓄存款是社会公众将\
当期暂时不用的收入存入银行而形成的存款。'
class NationalDebt(Finance):     #定义子类/基于父类的子类二
    def describe(self):
        return Finance.describe(self) +'国债是国家以其信用为基础,\
按照债券的一般原则,通过向社会发行债券筹集资金所形成的债权债务关系。'
class Fund(Finance):     #定义子类/基于父类的子类三
    def describe(self):
        return Finance.describe(self) +'基金广义是指为了某种目的\
而设立的具有一定数量的资金。'
class Stocks(Finance):     #定义子类/基于父类的子类四
def describe(self):
        return Finance.describe(self) +'股票是股份公司的所有权一部分\
也是发行的所有权凭证。'
class Insurance(Finance):     #定义子类/基于父类的子类五
def describe(self):
        return Finance.describe(self) +'保险是市场经济条件下\
```

风险管理的基本手段,是金融体系和社会保障体系的重要支柱。'

```python
class Futures(Finance):       #定义子类/基于父类的子类六
    def describe(self):
        return Finance.describe(self) +'期货以某种大众产品及金融资产\
为标的标准化可交易合约。'
class ForeignExchange(Finance):       #定义子类/基于父类的子类七
    def describe(self):
        return Finance.describe(self) +'外汇是货币行政当局以银行存款、\
财政部库券、长短期政府证券等形式保有的在国际收支\
逆差时可以使用的债权。'
insurance = Insurance()               #调用父类
print(insurance.describe())           #调用子类五
```

运行结果如图7-9所示。

金融是以货币本身为经营标的、目的通过货币融通使货币增值的经济活动。
保险是市场经济条件下风险管理的基本手段,是金融体系和社会保障体系的重要支柱。

图7-9　金融产品分类说明案例运行结果

案例二　改写"金融产品分类说明"案例

本案例改写自本小节案例一,以展示类方法的使用方法,请读者对比两段代码的不同表达。

参考代码如下:

```python
class Finance:
    __describe ='金融是以货币本身为经营标的、目的\
通过货币融通使货币增值的经济活动。'
    @ classmethod       #定义类方法一
    def describe(cls):
        return cls.__describe
class Savings(Finance):
    __describe ='储蓄存款是社会公众将当期暂时不用的收入\
存入银行而形成的存款。'
    @ classmethod       #定义类方法二
    def describe(cls):
    return Finance.describe() +'\n'+cls.__describe
class NationalDebt(Finance):
```

```
    __describe ='国债是国家以其信用为基础,按照债券的一般原则,\
        通过向社会发行债券筹集资金所形成的债权债务关系。'
    @ classmethod      #定义类方法三
    def describe(cls):
        return Finance.describe() +'\n'+cls.__describe
class Fund(Finance):
    __describe ='基金广义是指为了某种目的而设立的具有一定数量的资金。'
    @ classmethod      #定义类方法四
    def describe(cls):
        return Finance.describe() +'\n'+cls.__describe
class Stocks(Finance):
    __describe ='股票是股份公司的所有权一部分,也是发行的所有权凭证。'
    @ classmethod      #定义类方法五
    def describe(cls):
    return Finance.describe() +'\n'+cls.__describe
class Insurance(Finance):
    __describe ='保险是市场经济条件下风险管理的基本手段,\
    是金融体系和社会保障体系的重要的支柱。'
    @ classmethod      #定义类方法六
    def describe(cls):
        return Finance.describe() +'\n'+cls.__describe
class Futures(Finance):
    __describe ='期货以某种大众产品及金融资产为标的\
    标准化可交易合约。'
    @ classmethod      #定义类方法七
    def describe(cls):
        return Finance.describe() +'\n'+cls.__describe
class ForeignExchange(Finance):
    __describe ='外汇是货币行政当局以银行存款、\
财政部库券、长短期政府证券等形式保有的在国际收支逆差时可以使用的债权。'
    @ classmethod      #定义类方法八
    def describe(cls):
        return Finance.describe() +'\n'+cls.__describe
foreignExchange =ForeignExchange()     #实例化
print(foreignExchange.describe())            #调用实例方法
```

运行结果如图 7 – 10 所示。

金融是以货币本身为经营标的、目的通过货币融通使货币增值的经济活动。
外汇是货币行政当局以银行存款、财政部库券、长短期政府证券等形式保有的在国际收支逆差时可以使用的债权。

图 7 – 10 改写"金融产品分类说明"案例运行结果

案例三 实现财务数据安全性设置

本案例改写自第五章第三节案例一"简单财务管理功能（一）"——A 公司财务人员将在年终会上对公司 2019 年的财务情况进行总结。2019 年该公司每月收入（单位：万元），如表 5 – 22 所示，为了防止数据被修改，请将列表存储方式改为元组储存方式，以展示类方法的使用方法，请读者对比两段代码的不同表达。

参考代码如下：

```
class Util:
    @ classmethod      #定义类方法
    def getStatic(cls,data):
        income = tuple(data)
        return sum(income),max(income),min(income)
Income_19 =[11.5,11.8,12.3,12.5,12.8,13.0,13.3,13.6,\
13.9,14.2,14.0,15.2]
data_a,data_b,data_c =Util.getStatic(Income_19)      #调用静态方法
print("""
A 公司年终总结
总收入:{}
最高月收入:{}
最低月收入:{}
""".format(data_a,data_b,data_c))
```

运行结果如图 7 – 11 所示。

A公司年终总结
总收入：158.1
最高月收入：15.2
最低月收入：11.5

图 7 – 11 财务数据安全性设置案例运行结果

案例四 改写"财务数据安全性设置"案例

本案例改写自本小节案例三，以展示静态方法的使用方法，请读者对比两段代码的不同表达。

参考代码如下：

```
class Util:
    @ staticmethod    #定义静态方法
    def getStatic(data):
        income = tuple(data)
        return sum(income),max(income),min(income)
Income_19 = [11.5,11.8,12.3,12.5,12.8,13.0,13.3,13.6,\
13.9,14.2,14.0,15.2]
data_a,data_b,data_c = Util.getStatic(Income_19)    #调用静态方法
print("""
A 公司年终总结
总收入:{}
最高月收入:{}
最低月收入:{}
""".format(data_a,data_b,data_c))
```

运行结果如图 7 – 12 所示。

A公司年终总结
总收入：158.1
最高月收入：15.2
最低月收入：11.5

图 7 – 12　改写"财务数据安全性设置"案例运行结果

拓展练习

银行推出一种理财产品。该产品初期上线测试，日利率为 0.017%，每晚 6 点进行结算，第二天会将第一天的利息代入计算，依此类推。

1. 若客户存入 50000 元，从存入开始获得收益，且不考虑其他手续费用，请计算 100 天后客户的收益。

2. 客户在尝试了该理财产品一段时间后，决定加大资金投入量，再投入 10000 元。客户期望通过 60000 元本金得到 1500 元以上的利息，若从存入开始计算收益，且不考虑其他手续费用，请计算收益超过 1500 元需要理财的天数。